2019 年新沭河暴雨洪水及下游段行洪能力分析

主　编　刘沂轩　王　欢　王德维
　　　　乐　峰　崔恩贵

中国矿业大学出版社
·徐州·

内 容 提 要

本书全面、系统地描述了 2019 年"利奇马"台风登陆期间新沭河流域的暴雨洪水情况,详细分析了暴雨洪水的成因、特点、过程、组成及量级等,进行了新沭河洪水调查、新沭河水量平衡分析、新沭河行洪能力及其影响因素分析,并就如何保障新沭河的行洪能力提出了合理化建议。本书资料翔实、内容全面、成果可靠、结论可信,具有较强的科学性和权威性。

本书适合于防汛抗旱、水文气象、规划设计、防洪减灾、工程运行管理等领域的技术人员及政府相关决策人员阅读,对流域洪水管理、防洪除涝规划设计、防洪减灾、工程建设与管理以及国民经济发展亦具有重要的参考价值。

图书在版编目(CIP)数据

2019 年新沭河暴雨洪水及下游段行洪能力分析 / 刘沂轩等主编. — 徐州:中国矿业大学出版社,2020.10

ISBN 978 - 7 - 5646 - 4717 - 9

Ⅰ.①2… Ⅱ.①刘… Ⅲ.①河流－暴雨洪水－研究－临沭县－2019②河流－下游－防洪－研究－临沭县－2019 Ⅳ.①P426.616②P333.2③TV877

中国版本图书馆 CIP 数据核字(2020)第197368号

书 名	2019 年新沭河暴雨洪水及下游段行洪能力分析	
主 编	刘沂轩 王 欢 王德维 乐 峰 崔恩贵	
责任编辑	何 戈	
出版发行	中国矿业大学出版社有限责任公司	
	(江苏省徐州市解放南路 邮编 221008)	
营销热线	(0516)83884103 83885105	
出版服务	(0516)83995789 83884920	
网 址	http://www.cumtp.com E-mail:cumtpvip@cumtp.com	
印 刷	江苏凤凰数码印务有限公司	
开 本	787 mm×1092 mm 1/16 印张 12.5 字数 202 千字	
版次印次	2020 年 10 月第 1 版 2020 年 10 月第 1 次印刷	
定 价	48.00 元	

(图书出现印装质量问题,本社负责调换)

《2019 年新沭河暴雨洪水及下游段行洪能力分析》

编委会

序

新沭河所在的沂沭泗水系,是淮河流域内一个相对独立的水系,是沂河、沭河、泗(运)河三条水系的总称,位于淮河流域东北部,北起沂蒙山,东临黄海,西至黄河右堤,南以废黄河与淮河水系为界。新沭河是中华人民共和国成立初期实施"导沭整沂"工程,在原沙河的基础上开挖而成的,是沂沭泗地区沂沭河洪水"东调入海"的主要河道,不仅承泄沭河及区间全部来水,而且还分泄"分沂入沭"水道调尾后部分沂河洪水。其对分泄沭河洪水、安排沂河洪水、减轻骆马湖地区的洪水压力发挥了重要作用,现已成为沂沭泗地区防洪及社会经济可持续发展的重要基础保障设施。

连云港市地处沂沭泗水系最下游,素有"洪水走廊"之称,过境洪水具有上游水系河道坡降大、源短流急、洪水来得快、峰高量大且集中、预报期短等特点,受上游行洪、区域暴雨、城市内涝、外海风暴潮综合影响,历史上洪涝灾害频繁。2019 年 8 月,连云港市受"利奇马"台风影响,全市普降暴雨,局部特大暴雨,发生了 1974 年以来的最大洪水,但在水利、水文全体人员的共同努力下,洪水安全过境,人员零伤亡,未出现溃坝决堤等水毁事件,取得了"防台抗洪"的双胜利。为全面、客观、系统地分析 2019 年新沭河暴雨洪水,评价新沭河洪水特性及防洪工程所发挥的作用,为新沭河防汛抗洪、水利规划、工程设计和运行管理以及水文情报预报等提供宝贵资料,江苏省水文水资源勘测局连云港分局联合连云港市水利规划设计院有限公司开展了 2019 年新沭河暴雨洪水调查及下游段行洪能力分析工作。

2019 年新沭河暴雨洪水及下游段行洪能力分析研究主要包括雨水情分析、历史洪水分析、水文测验成果及洪水调查分析以及新沭河行洪能力分析等方面,历经大量野外勘测调查,集中了江苏、山东等多位专家的建议,系统总结、分析研究,形成《2019 年新沭河暴雨洪水及下游段行洪能力分析》一书。该书基础资料翔实,数据准确可靠,分析科学合理,具有较强的科学性、实用性和指导性,全面准确地反映了新沭河下游段行洪能力,是一部具有实际指导意义的图书,难能可贵。

通过大量的野外勘测,掌握了大量翔实的水文监测数据,并联合连云港市水利规划设计院有限公司,在全面分析新沭河下游段行洪能力基础上,潜心研究,对水文资料进行了深入全面的分析评价,总结出版《2019 年新沭河暴雨洪水及下游段行洪能力分析》一书,可为连云港地区,乃至沂沭泗地区防洪除涝提供指导和参考,更可为地方河湖治理、水资源的可持续利用以及经济社会的可持续发展提供专业技术支撑。我相信,该书的出版可为广大水利、水文、应急工作者以及相关领域的科研、工程设计人员提供重要的参考。我为这本书的出版感到由衷的高兴,并感谢江苏省水文水资源勘测局连云港分局、连云港市水利规划设计院有限公司的辛勤付出,向奋战在 2019 年水文监测和水文情报预报工作第一线的广大水文、水利工作者以及本次行洪能力分析调查工作的所有参与人员致以诚挚的谢意。

连云港市水利局党组书记、局长:宋波

2020 年 10 月 18 日

前　言

　　连云港市位于江苏省东北部,地处沂沭泗水系下游,沂、沭、泗诸水主要通过新沂河、新沭河入海,是著名的"洪水走廊",需承受上游 7.8 万 km² 集水面积的来水,汛期过境客水行洪量大,给市区防洪带来压力。中华人民共和国成立以来,沂、沭、泗地区防洪工程不断优化,工程建设坚持不懈,兴建了"导沭整沂"工程,并不断优化完善,提高防洪、行洪能力,为连云港地区社会经济的快速发展提供了坚实的基础保障。连云港市地处我国沿海中部的黄海之滨,是中国的首批沿海开放城市、新亚欧大陆桥经济走廊首个节点城市、"一带一路"倡议江苏支点城市、江苏沿海开发战略中心城市、长三角区域经济一体化城市,也是中国(江苏)自由贸易试验区的组成部分。长三角一体化过程的加快以及自贸区的建成,为连云港地区社会经济的发展提供了长足的动力,同时也对直接关系民生的防洪安全保障提出了更高的要求。

　　2019 年 8 月,受第 9 号台风"利奇马"影响,沂沭泗流域发生强降雨,新沭河发生自 1974 年以来的最大洪水。新沭河大兴镇水文站出现年最大洪峰流量 3 850 m³/s,列有资料记载以来第 2 位;新沭河石梁河水库水文站出现年最大洪峰流量 3 430 m³/s,列有资料记载以来第 3 位,库内最高水位 24.49 m,超汛限水位 0.99 m。这场暴雨洪水造成连云港市东海县城区出现大面积积水,直接经济损失达 8.07 亿元。

　　为全面、客观、系统地分析 2019 年新沭河暴雨洪水,分析新沭河下游段行洪能力,评价新沭河洪水特性及防洪工程所发挥的作用,为防汛抗洪、水利规划、工程设计和运行管理以及水文情报预报等提供有价值的资料,江苏省水文水资源勘测局连云港分局联合连云港市水利规划设计院有限公司开展了 2019 年新沭河流域暴雨洪水的调查分析工作,主要包括雨水情分析、历史洪水分析、测验成果及洪水调查分析,重点分析了新沭河下游段行洪能力。

全书共八章,第一章区域概况,介绍了连云港地区自然地理、社会经济、水文气象、洪涝灾害、水利工程以及水文站网布设;第二章雨水情综述,介绍了台风、暴雨、工情、洪水以及预警预报;第三章历史洪水,分析了沂沭泗洪水、新沭河洪水以及产生的灾害,并与历史洪水进行比较分析;第四章水文测验,介绍了洪水期间水文测验成果;第五章测验成果与洪水调查,对测验成果进行合理性及误差分析并汇总洪水调查成果;第六章新沭河下游段行洪能力分析,全面分析了新沭河下游段行洪能力;第七章结论与建议,对新沭河下游段行洪能力进行了总结,并针对存在的问题提出了针对性建议;第八章其他专题分析,对新沭河(上游段)水量平衡、新沭河行洪对市区排涝的影响、东海城区"8·10"暴雨洪水调查展开专题分析。

本书在大量实测和调查资料的基础上,对 2019 年新沭河暴雨的时空分布、成因、特点,洪水的特性、量级,水文测验与洪水调查的开展等进行了全面分析总结;对石梁河水库的拦蓄作用、新沭河上游段水量平衡、新沭河行洪对城市排涝的影响进行专题分析;对新沭河下游段行洪能力及其影响因素进行了分析,提出了结论与建议。该书结构合理、资料翔实、方法正确、内容全面、成果可靠、结论可信,对新沭河流域的洪水管理、防洪除涝规划设计、工程建设与管理等工作都具有重要价值,可供同行借鉴。

因水平有限,书中疏漏在所难免,殷切希望得到同行专家及读者的批评指正。

本书编写组
2020 年 10 月于连云港

目　录

第一章 区域概况

第一节 流域概况

新沭河所在的沂沭泗水系,是淮河流域内一个相对独立的水系,系沂河、沭河、泗(运)河三条水系的总称,位于淮河流域东北部,北起沂蒙山,东临黄海,西至黄河右堤,南以废黄河与淮河水系为界。沂沭泗水系位于东经 114°45′～120°20′、北纬 33°30′～36°20′,东西方向平均长约 400 km,南北方向平均宽不足 200 km。集水面积 8 万 km² (其中山地丘陵区面积占 31%,平原区面积占 67%,湖泊面积占 2%),占淮河流域面积的 29%,涉及江苏、山东、河南、安徽四省 15 个地(市)。

一、河流水系

沂沭泗水系是沂河、沭河和泗(运)河三大水系的统称,干、支流河道 510 余条,河网密布,主要河道相通互联,水系复杂。沂沭泗水系通过中运河、徐洪河和淮沭河与淮河水系相通。

(一)沂河水系

沂河水系由沂河、骆马湖、新沂河以及入河、入湖支流组成。

沂河发源于山东沂蒙山的鲁山南麓,南流经沂源、沂水、沂南、兰山、河东、罗庄、苍山、郯城、邳州、新沂等县(市、区),在江苏省新沂市苗圩入骆马湖。较大支流有东汶河、蒙河、祊河、白马河等,大部分由右岸汇入。沂河源头至骆马湖,河道全长 333 km,流域面积 1.18 万 km²。沂河在彭家道口向东辟有分沂入沭水道,分沂河洪水入沭河;在江风口辟有邳苍分洪道,分沂河洪水入中运河。

骆马湖位于沂河末端、中运河东侧,跨新沂、宿豫两市(区),上承沂河并接纳泗(运)水系和邳苍地区来水,集水面积约 5.12 万 km²,骆马湖来水由嶂山闸控制东泄经新沂河入海,由皂河闸及宿迁闸泄部分洪水入中运河。骆马湖水面面积 432 km²,库容 9.0 亿 m³,是防洪、灌溉、航运、水产养殖等综合利用的平原湖泊,也是南水北调东线的调节水库。

新沂河自骆马湖嶂山闸东流经江苏省宿豫、新沂、沭阳、灌南、灌云等县(区、市)至灌河口入海,全长 146 km,是沂沭泗水系主要的排洪入海通道。新沂河两岸较大支流有老沭河、淮沭河,还有新开河、柴沂河、路北河等区域性河道汇入,区间面积 2 543 km²。新沂河一般情况下主要承泄骆马湖汇集的沂河、泗(运)河来水和自身区间水,特殊情况下还承泄沭河部分洪水(当沭河水系发生特大洪水,新沭河不能满足行洪需要时,通过老沭河分流入新沂河)和淮河洪水(分淮入沂,淮沭河在淮阴杨庄上接二河,可相机分泄洪泽湖洪水经新沂河入海)。

(二)沭河水系

沭河发源于沂蒙山区的沂山南麓,与沂河平行南下,流经沂水、莒县、莒南、临沂河东区、临沭、东海、郯城、新沂等县(市、区),河道全长 300 km,集水面积约 9 260 km²。沭河自源头至临沭大官庄河道长 196.3 km,区间面积 4 529 km²,较大支流有左岸的袁公河、浔河、高榆河和右岸的汤河、分沂入沭水道等。在大官庄以下分两支,一支南下为老沭河(江苏境内称总沭河),流经临沭、东海、郯城和新沂,在新沂市口头入新沂河,河道长度 104 km,区间面积 1 881 km²;另一支东行称新沭河,承泄沭河及沂河东调洪水经石梁河水库于临洪口入海,河道长度 80 km(含石梁河水库库区段 15 km),区间面积 2 850 km²,主要支流有蔷薇河、夏庄河、朱范河。

新沭河是中华人民共和国成立初期在原沙河的基础上开挖的漫滩行洪入海河道。起自山东省大官庄,于大兴镇入江苏境,经石梁河水库库区出溢洪闸,沿赣榆、东海县界东南流折向东北,与蔷薇河汇流,经临洪河至临洪口入海,全长 80 km(江苏境内石梁河水库以下 45 km),集水面积 2 850 km²。新沭河在江苏境内的主要支流有蔷薇河、朱稽河、范河等。

总沭河过山东省郯城,于红花埠流入江苏,纵贯新沂市于口头汇入新沂河。

沭河自源头至口头全长 300 km(江苏境内 47 km),集水面积 6 400 km²(其中源头至大官庄 4 519 km²,大官庄以下 1 881 km²)。总沭河河道弯曲,河槽窄小。沿线东岸有黄墩河、西岸有新墨河汇入,均为跨省支河。

(三)泗(运)河水系

泗(运)河水系由泗河、南四湖、韩庄运河、中运河及入河、入湖支流组成,集水面积约 4 万 km²。

泗河古称泗水,是淮河下游的最大支流,受黄河夺泗夺淮的影响,中下游河道已沦为废黄河。如今泗河发源于山东省新泰市太平山西麓,流经新泰、泗水、曲阜、兖州、济宁、邹县、微山等县(市),于鲁桥辛闸、仲浅之间入南四湖,全长 159 km,其中较大支流有小沂河、济河、黄沟河、石漏河、崛河等。集水面积 2 338 km²。

南四湖由南阳湖、独山湖、昭阳湖、微山湖四个相连的湖泊组成,1958 年开始兴建的二级坝枢纽工程将其分为上、下两级湖,集水面积约 3.15 万 km²,湖水面积 1 280 km²,总容积 53.7 亿 m³,是我国第六大淡水湖。南四湖汇集泗河、沂蒙山区西部及湖西平原各支流来水,经韩庄运河和伊家河、不牢河入中运河。经多年治理,南四湖已成为调节洪水、蓄水灌溉、发展水产、航运交通、改善生态环境等多功能综合利用的大型湖泊,也是南水北调工程东线的调节水库。

韩庄运河自韩庄闸下至苏鲁边界的陶沟河口,长 42.5 km,有左岸峄城大沙河、右岸伊家河汇入。中运河上接韩庄运河,下至淮阴杨庄与里运河相连,并与废黄河(故淮河及古泗水)交汇,长 179.5 km,左岸有陶沟河、邳苍分洪道等汇入,右岸有不牢河、房亭河、民便河及邳洪河等汇入。中运河在新沂市二湾入骆马湖,并沿湖西继续南行至皂河闸出湖,沿湖段运河与骆马湖在常水位以下有堤隔开,高水时连为一体。

京杭运河自北至南纵贯沂沭泗流域,由梁济运河、南四湖湖内航道、韩庄运河(包括伊家河、不牢河)和中运河等四段组成,兼具航运、防洪、排涝和灌溉多种功能,也是南水北调工程东线的输水通道。徐洪河与房亭河在刘集立交,由刘集地涵沟通。骆马湖洪水可经房亭河向徐洪河相机泄入洪泽湖,也可经皂河闸向骆马湖以下中运河下泄。

二、水文气象

（一）气象特征

沂沭泗流域属暖温带半湿润季风气候区,具有大陆性气候特征。夏热多雨,冬寒干燥,春旱多风,秋旱少雨,冷暖和旱涝较为突出。气候特征介于黄淮之间,而较接近于黄河流域。

(1)气温:年平均气温 13～16 ℃,由北向南、由沿海向内陆递增。有记载的年内最高气温达 43.3 ℃(1955 年 7 月 15 日发生在徐州),最低气温为－23.3 ℃(1969 年 2 月 6 日发生在徐州)。

(2)霜冻、霜期:流域南部在 11 月上旬到次年 3 月中旬为霜期,平均一年无霜期为 230 d。流域北部在 10 月下旬到次年 4 月上旬为霜期,平均一年无霜期为 200 d,山区的无霜期一般为 180～190 d。

(3)日照:全流域一年内日照平均为 2 100～2 400 h,由南向北递增。

(4)风:全流域为季风区,随季节而转变,冬季盛行东北与西北风,夏季盛行东南与西南风。年平均风速 2.5～3.0 m/s,最大风速为 23.4 m/s,发生在徐州。

（二）水文特征

(1)降水:沂沭泗流域多年平均年降水量为 789 mm,最大年降水量为 1 098 mm(1964 年),最小年降水量为 492 mm(1988 年)。多年平均汛期(6—9 月)降水量为 555 mm,约占多年平均年降水量的 70.3%。

(2)蒸发:沂沭泗流域水面蒸发量南部小、北部大;自南向北,多年平均水面蒸发量为 1 180～1 320 mm。历年最高为 1 755 mm(韩庄闸站),历年最低为 903 mm(响水口站)。

(3)时段暴雨:全流域内最大 1 d 降雨量为 563.1 mm,2000 年 8 月 30 日发生在江苏省响水县响水口站,该站 24 h 降雨量 825 mm,重现期超过 10 000 a 一遇。流域最大 3 d 暴雨 877.4 mm,最大 7 d 暴雨 1 046.3 mm,皆发生在响水口站。

(4)径流:全流域多年平均径流深为 232 mm,年径流系数为 0.29。年径流分布与降水分布相似,南大北小,山区大平原小。泰沂山丘区年径流深达 348 mm,年径流系数为 0.40;南四湖湖西年径流深达 97.2 mm,年径流系数为 0.14。

（5）泥沙与淤积：沂沭泗上游沂蒙山区植被覆盖差，水土流失严重。据统计，沂河临沂站多年平均含沙量 1.15 kg/m³，多年平均输沙率 127 kg/s，多年平均输沙量 400 万 t。沭河莒县多年平均含沙量 1.2 kg/m³，多年平均输沙率 17.4 kg/s，多年平均输沙量 55 万 t。南四湖湖西各河由于引黄灌溉泥沙没有很好控制，放淤时浑水入河，河道淤积较为突出。

（三）水资源

根据淮河流域水资源调查评价成果，沂沭泗流域多年平均水资源总量为 138.0 亿 m³，河川径流量为 119.7 亿 m³，地下水资源量为 18.3 亿 m³。

据水文资料统计，沂河多年平均年径流量 28.20 亿 m³，其中 1963 年径流量最大，为 64.30 亿 m³，1985 年最小，只有 5.95 亿 m³。沭河多年平均年径流量 15.20 亿 m³，1974 年最大，达 30.70 亿 m³，1989 年最小，只有 3.39 亿 m³。

三、洪涝灾害

据历史资料记载，在 1280—1643 年的 364 a 间，沂沭泗发生较大水灾 97 次。在 1644—1948 年的 305 a 间，发生水灾 267 次，其中在 1912—1948 年的 37 a 中，有 11 次水灾，较大的水灾有 1912 年、1914 年、1935 年、1937 年、1939 年、1947 年。1935 年黄河在山东董庄决口，受灾面积 1.22 万 km²，苏、鲁两省 27 县受灾，受灾人口 341 万。

1949 年后，据苏、鲁两省有关市县 36 年（1949—1984 年）统计，多年平均成灾面积 774 万亩［1 亩＝（10 000/15）m²］，占流域内两省耕地面积的 14.2%，成灾面积超过 1 000 万亩以上的年份有 1949 年、1950 年、1951 年、1953 年、1956 年、1957 年、1960 年、1962 年、1963 年、1964 年等，其中以 1963 年、1957 年受灾特别严重，受灾面积分别达到 2 985 万亩、2 726 万亩，占两省流域耕地面积的 54.9% 和 50.1%。在灾情分布上，20 世纪 50 年代大都分布在沂河、沭河下游区，以 1949—1951 年最为严重；20 世纪 60 年代主要分布在南四湖湖西及郯苍地区；1957 年重灾区在郯苍及南四湖地区；1974 年仅沭河地区受灾较重。

1957 年，暴雨集中，量大面广。7 月 6—20 日，15 d 内降雨量大于 400 mm 的雨区达 7 390 km²，沂沭河及各支流漫溢决口 7 350 处，受灾 605 万亩，伤亡 742 人，倒塌房屋 19 万间。南四湖地区受灾面积 1 850 万亩，倒塌房屋 230

万间。

1963 年,7、8 两月沂沭泗流域连续阴雨且接连出现大雨、暴雨,造成流域大洪涝。全流域 7、8 两个月的总雨量为历年同期最大,占汛期总雨量的 90%。由于本年暴雨时空分布不一,又因 1958 年以来山区修建了不少水库,虽然发生洪水的水量很大,但洪峰流量不是最大,对全流域造成的洪涝成灾面积却达 2 985 万亩(山东 2 010 万亩,江苏 975 万亩),为 1949 年以来最大。

1974 年,洪水发生在沂沭河,主要是沭河。8 月 11—14 日流域平均降雨量 241 mm,大官庄(总)实测最大洪峰流量 5 400 m³/s。经水文计算,如无上游水库拦蓄且上游 68 处决口漫溢,大官庄(总)洪峰流量将为 11 100 m³/s,相当于沭河 100 a 一遇洪水。这次洪水,山东临沂地区受灾面积 557 万亩,其中绝产 98 万亩,倒塌房屋 21.4 万间,死 92 人,伤 4 705 人。江苏徐州、淮阴、连云港三市受灾面积 417 万亩,倒塌房屋 20.9 万间,死 39 人。

由于历史上黄河长期夺泗夺淮,沂沭河下游原有水系被破坏,洪水出路不畅,洪涝灾害频繁发生。从 1949 年开始,苏、鲁两省分别进行了"导沂整沭"和"导沭整沂"工程,拉开了全面治理沂沭泗流域的序幕。此后,经过 50 多年的治理,沂沭泗流域逐步形成了拦、蓄、分、泄相结合的防洪工程体系,在上游兴建水库和塘坝,在中游整治河道、湖泊并兴建控制性水闸,在下游开辟入海通道,抵御洪涝灾害的能力有了明显提高,在沂沭河地区社会经济发展中发挥了重要作用。

四、防洪工程

沂沭河流域的防洪工程体系由河道堤防、分洪水道、水库、蓄滞洪区和大型湖泊等组成。目前,沂沭泗河洪水东调南下一期工程以及续建工程已基本完成,沂沭河中下游地区的防洪标准达到了 50 a 一遇。

(一)河道堤防

沂沭河流域骨干河道中一级、二级堤防长度为 938 km,其中一级堤防 435 km,二级堤防 503 km。骆马湖南堤、新沂河堤防与分淮入沂东堤等为一级堤防,保护人口 1 327 万人、耕地面积 1 596 万亩。沂沭河流域重要堤防基本情况见表 1-1。

表 1-1　沂沭河流域重要堤防基本情况

名称	起讫地点	防洪保护区基本情况				备注
		堤长 /km	面积 /km²	耕地 /万亩	人口 /万人	
新沂河左堤	嶂山闸—燕尾港	147	3 386	299	195	一级堤防
新沂河右堤	嶂山闸—堆沟	159	6 182	502	375	一级堤防
骆马湖南堤	皂河船闸—井头乡	25	1 985	160	145	一级堤防
分沂入淮东堤	二河闸—沭阳县城西关	90	8 407	635	552	一级堤防
新沭河右堤	太平庄闸—海口	14	—	—	60	一级堤防
新沭河右堤		44				二级堤防
沂河祊河口 以下堤防	祊河口—苗圩、九曲—新戴河口	236	2 224	295	198	二级堤防
沭河汤河口 以下堤防	宣文岭—许口、西宣口—口头	203	2 016	275	185	二级堤防
分沂入沭右堤	彭道口—大官庄（总）	20	1 417	153	102	二级堤防

资料来源：《淮河流域综合规划》。

（二）分洪河道

沂河流域人工开挖的主要分洪水道有分沂入沭水道、新沭河、邳苍分洪道、新沂河以及分淮入沂水道等。

分沂入沭水道、新沭河是沂沭泗流域的东调工程。分沂入沭是将沂河部分洪水分泄至沭河；新沭河是将沭河部分洪水分泄直接入海的重要通道；新沂河是分泄骆马湖洪水和沭河部分洪水入海的主要通道。邳苍分洪道是在沂河彭家道口以下武河口分泄沂河洪水入中运河的分洪水道。分淮入沂水道南起二河闸，经淮阴闸、沭阳闸至沂沭泗流域的新沂河，是淮河大水时洪泽湖向新沂河相机分洪的人工水道。

（三）大中型水库

沂沭河现有大型水库 14 座，控制面积 8 814 km²，总库容 41.52 亿 m³。这些大型水库均为 1957 年沂沭河大水后至 20 世纪 60 年代初所建。中型水库 47 座，控制面积 2 118 km²，总库容 10.36 亿 m³。

（四）蓄滞洪区和大型湖泊

黄墩湖滞洪区位于骆马湖西侧，滞洪范围为中运河以西、徐洪河以东、房亭河以南、废黄河以北，面积约 230 km²，滞洪区内地面高程一般为 21.50 m，最低

19.00 m。滞洪水位 26.00 m 时,有效滞洪库容可达 11.1 亿 m³,是滞蓄骆马湖以上洪水的重要工程。

骆马湖汇集中运河及沂河来水,1949 年开挖了出口水道新沂河,1961 年 4 月建成的嶂山闸设计过闸流量 8 000 m³/s,是骆马湖的最大出口控制闸。1958 年又相继兴建了一线工程(皂河闸控制)和二线工程(宿迁闸控制)。

沂沭河流域大型和重要的排涝工程共有 10 多处,合计装机台数 226 台,装机容量为 7.5 万 kW,设计排涝能力为 770 m³/s,其中大部分还兼有灌溉、调水等效用。

(五)沂沭河东调工程

1971 年,国务院治淮规划小组审定了"沂沭泗河洪水东调南下工程",其"东调"是指:扩大沂沭河洪水出路,利用原有的分沂入沭河道和新沭河,通过河道扩大和建闸控制,使大部分洪水由新沭河直接东调入海。自此规划了各项建设项目并进行设计、施工。1991 年淮河大水后,在国务院《关于进一步治理淮河和太湖的决定》中又明确了续建沂沭泗河洪水东调南下工程。要求在"八五"期间达到 20 a 一遇的防洪标准,"九五"期间达到 50 a 一遇。

东调工程自 1971 年 11 月动工,先后建成了沂河彭道口分洪闸、新沭河泄洪闸;1991 年以后又实施分沂入沭调尾工程,兴建人民胜利堰闸;在进行上述工程的同时又完成分沂入沭、新沭河扩大及修建了桥梁、涵洞等工程;2010 年刘家道口节制闸工程完成竣工验收。

(六)水利枢纽、拦河闸坝

1. 水利枢纽

(1)刘家道口枢纽:刘家道口枢纽是控制沂河洪水东调入海的关键性控制工程,主要由刘家道口节制闸、分沂入沭彭家道口分洪闸、刘家道口放水洞、盛口放水洞、姜墩放水洞、李公河防倒漾闸等组成。主要任务是调控沂河上游来水,使部分洪水尽量经新沭河东调入海,腾出骆马湖部分防洪库容接纳南四湖洪水,兼顾蓄水灌溉。刘家道口节制闸建成于 2010 年,设计流量 12 000 m³/s,校核流量 14 000 m³/s;彭道口闸建成于 1974 年,设计流量 4 000 m³/s,校核流量 5 000 m³/s。

(2)大官庄枢纽:大官庄枢纽是沂沭河洪水东调入海的控制工程,沭河和分沂入沭的洪水经大官庄站(总)后分成两股,一股经新沭河向东入江苏省石梁河水库,另一股由老沭河南下,经新沂市到沭阳县口头进新沂河入海。1977 年建成新沭河泄洪闸,设计流量 6 000 m³/s,校核流量 7 000 m³/s。1951—1952 年在老沭河上建设了人民胜利堰,1995 年改建为人民胜利堰闸,设计流量 2 500 m³/s,校核流量 3 000 m³/s。

2. 拦河闸坝

沂河临沂以上 1996—2011 年新建、改建拦河坝、橡胶坝共 10 座,总蓄水量 12 311 万 m³。沭河大官庄以上 2007—2010 年新建、改建拦河坝、橡胶坝共 7 座,总蓄水量 5 977 万 m³。

第二节　自然地理

一、地理位置

连云港市地处我国沿海中部的黄海之滨,位于江苏省东北部,处于横贯我国大陆东西的陇海铁路东端,位于东经 118°24′～119°48′、北纬 33°59′～35°07′,东濒黄海,北接山东,与朝鲜、韩国、日本隔海相望,具有海运、陆运相结合的优势,为全国 8 大港口和 45 个重要交通枢纽之一;是海滨旅游城市,也是江苏省"徐连经济带"和"海上苏东"发展战略中具有特殊地位和作用的中心城市,是江苏沿海经济带的重要组成部分。连云港市是中国首批沿海开放城市、新亚欧大陆桥经济走廊首个节点城市、"一带一路"倡议江苏支点城市、江苏沿海开发战略中心城市、长三角区域经济一体化城市、国家创新型试点城市、国家东中西区域合作示范区、中国重点海港城市、上合组织出海基地、中国水晶之都,也是中国(江苏)自由贸易试验区的组成部分。

二、地形地貌

连云港市地处鲁中南丘陵和淮北平原的结合部,境内地形地貌复杂多变,山海齐观、河渠纵横、岗岭遍布,平原、大海、高山齐全,河库、丘陵、滩涂、湿地、海岛俱全,境内地势由西北向东南倾斜。

连云港市地貌以平原为主,兼有山地、丘陵、岗地等,可基本分为西部岗岭区、中部平原区、东部沿海区和云台山区四部分:西部低山丘陵岗地区海拔 100~200 m,面积 1 730 km²;中部平原海拔 3~5 m,主要是侵蚀堆积平原、河湖相冲积平原及冲积-海积平原 3 类,面积 5 409 km²,其中耕地面积 3 925 km²,约占全市土地面积的 71.0%;云台山区属于沂蒙山的余脉,有大小山峰 214 座,其中云台山主峰玉女峰海拔 624.4 m,为江苏省最高峰,全市山区面积近 200 km²;东部滨海区海岸类型齐全,大陆标准岸线 204.82 km,曲折悠长,其中 40.2 km 深水基岩海岸为江苏省独有。江苏省境内大多数海岛分布在连云港境内,包括东西连岛、平山岛、达山岛、车牛山岛、竹岛、鸽岛、羊山岛、开山岛、秦山岛、牛尾岛、牛背岛、牛角岛等 20 个,总面积 6.94 km²。其中东西连岛为江苏第一大岛,面积 6.07 km²。

三、土壤植被

连云港市属平原海岸,地势开阔,地形平坦,土壤类型不多。土壤分类单元与地理景观单元基本一致,生态类型的演替、地理景观的变化和土壤类型的发育三者基本一致,除了云台山区的棕壤和赣榆沿海部分地区(主要分布在境内南部海堤向内 10~20 km 范围)的砂姜黑土类外,其他广阔的平原海岸内,海堤以外潮间带内分布着滨海盐土类,堤内老垦区主要分布着潮土类(包括灰潮土、盐化潮土、棕潮土、盐化棕潮土)。

连云港市地处北暖温带向亚热带过渡地带,植被有南北兼具的特征。其水平分布南北差异不大,主要森林植被为赤松,南北均有分布,栽培农作物种类基本相同;东西变化明显,东部沿海天然植被多芦苇、盐蒿,栽培作物以水稻、棉花为主,西部低山丘陵地带主要生长松树、灌木等。境内地形高差 500 m 左右,海拔 600~50 m 的山地多分布针叶林,50 m 以下则有针阔混交林。境内农垦历史久远,宜农、宜林的土地大多已被垦殖。覆盖平原地表的植被为人工栽培作物,栽种的农作物主要有小麦、水稻、棉花、油料、蔬菜等。低山丘陵广植林、果、桑、茶,大多为人工造林、封山育林后发育的次生植被。

四、水文气象

新沭河位于东经 118°45′~119°15′、北纬 34°00′~34°50′,处于亚热带向暖温带过渡性气候带,属于半湿润季风气候区,冬干冷,夏湿热,四季分明,平均气温在 13～16 ℃ 之间。最高气温达 40 ℃,出现在 8 月份;最低气温为零下 20 ℃,出现在 2 月份。无霜期一般在 210 d 左右,结冰期一般为 12 月至次年 2 月。

根据临洪与石梁河水库水文站统计资料,多年平均降水量分别为 892.2 mm 和 905.8 mm(1956—2018 年资料系列),最大年降水量分别为 1 328.9 mm(1990 年)和 1 449.7 mm(1974 年),最小年降水量分别为 536.6 mm(1978 年)和 494.8 mm(1988 年)。年内降水量分布极不均匀,70% 集中于汛期 6—9 月,而 12 月到次年 2 月仅占年降雨量 10% 左右。工程区全年空气湿润,相对湿度在最热月为 80% 以上,日照充足,平均每天近 7 h。

五、河流水系

连云港市地处淮河流域、沂沭泗水系最下游,境内河网发达,两条流域性行洪河道新沂河、新沭河从境内穿过,沂、沭、泗诸水主要通过新沂河、新沭河入海,它们分属于沂河、沭河、滨海诸小河三大水系,汛期要承泄上游近 8.0 万 km² 洪水入海,是著名的"洪水走廊"。全市共有 82 条河道列入江苏省骨干河道名录,其中流域性河道 4 条,区域性骨干河道 18 条,重要跨县河道 16 条,重要县域河道 44 条,有近 20 条河道直接入海;605 条县乡河道,其中县级河道 86 条,乡级河道 519 条,总长度 2 425 km,正常水位下河道蓄水面积约 264.76 km²。全市大型水库 3 座、中型水库 8 座、小型水库 156 座,总库容达 12.5 亿 m³。新沂河、新沭河、蔷薇河将全市水系划分为沂南、沂北、沭南、沭北四大片区。

(1)沂南片区:新沂河以南区域,主要为灌南县域。沂南诸河属于灌河水系。灌河西起东三岔,东至燕尾港入海,全长 62.7 km,河口无控制,为天然港口。上游主要支流有盐河以东的武障河、龙沟河、义泽河,盐河以西六塘河水系的南六塘河、北六塘河,柴米河水系的柴米河、沂南河。灌河中游支流主要有一帆河水系的一帆河、唐响河和甸响河。两岸各支河口均建有挡潮闸,排涝蓄淡。

(2)沂北片区:新沂河、蔷薇河之间的区域,包括灌云县全部和连云港市区大部分。片区西部为岗岭水系,东部为善南的平原洼地河网水系和市区的烧香河、大浦河及排淡河水系。西部岗岭地区为古泊善后河的支流水系,主要河道有滂沟河、西护岭河、叮当河等。善南水系实行平原梯级河网化建设,以南北向的叮当河、官沟河为西部、中部、东部梯级水位控制,主要包括车轴河、牛墩界圩河、东门五图河、五灌河等骨干河道构成的平原河网水系。市区主要有烧香河、龙尾河、大浦河和排淡河等骨干河道,小(1)型水库 6 座,小(2)型水库 11 座。

(3)沭南片区:新沭河、蔷薇河之间的区域,主要包括东海县和市区部分。龙梁河和石安河两条等高截水沟、磨山河、乌龙河、鲁兰河、淮沭新河、马河、民主河等属蔷薇河水系。除石安河、龙梁河为南北流向外,其余河流大都由西向东,汇流于临洪河入海。片区内共有水库 55 座,总库容为 8.9 亿 m³,其中大(2)型水库 2 座,分别为江苏省第一和第四大水库,中型水库 7 座,小型水库 46 座。多座大中型水库串联成群,形成了集防洪、供水、灌溉等多种功能于一体的水库群。

(4)沭北片区:新沭河以北的区域,主要为赣榆区域。片区内共有主要河流 17 条,绣针河为省界河流,其他河流自成一体,属滨海诸小河水系,包括龙王河、青口河、朱稽副河、兴庄河等,呈东西方向独流入海。境内共有水库 72 座,其中大(2)型水库 1 座,中型水库 1 座,小型水库 70 座。

连云港市主要河流特征值见表 1-2。

表 1-2 连云港市主要河流特征值

序号	河道名称	所在水利分区	起讫地点	长度/km	功能	等级
一	流域性骨干河道(4 条)					
1	沭河	—	苏鲁界—新沂河(口头)	44.7	防洪、治涝、供水	1
2	新沭河	—	苏鲁界—黄海(三洋港)	53.1	防洪、治涝、供水	1
3	新沂河	—	嶂山闸—黄海(燕尾港)	146.7	防洪、治涝、供水	1
4	通榆河北延段	—	响水引水闸—柘汪临港产业区	163.0	供水(含调水)、治涝、航运	2
二	区域性骨干河道(18 条)					
1	龙梁河	沂北区	大石埠水库—石梁河水库	65.5	防洪、治涝、供水(含调水)	4
2	石安河	沂北区	安峰山水库—石梁河水库	55.8	防洪、治涝、供水(含调水)	4
3	绣针河	沂北区	苏鲁界—黄海	7.6	防洪、供水	4
4	龙王河	沂北区	苏鲁界—黄海	24.3	防洪、治涝	4
5	青口河	沂北区	苏鲁界—黄海(青口河闸)	34.8	防洪、供水、航运	4

表 1-2（续）

序号	河道名称	所在水利分区	起讫地点	长度/km	功能	等级
6	沭新河	沂北区	新沂河—蔷薇河	75.7	供水（含调水、饮用水源地）、防洪、治涝、航运	3
7	蔷薇河	沂北区	蔷薇河地涵—新沭河	53.4	防洪、供水（含调水、饮用水源地）、治涝、航运	3
8	古泊善后河	沂北区	沭新河—黄海善后河闸	89.9	防洪、治涝、供水（含饮用水源地）、航运	3
9	五灌河	沂北区	五图河—灌河（燕尾闸）	16.2	治涝、供水、航运	4
10	柴米河	沂南区	柴米河地涵—北六塘河	61.9	防洪、治涝、航运	3
11	柴南河	沂南区	十字—柴米河（孟兴庄）	44.8	治涝	4
12	北六塘河	沂南区	淮沭河（钱集闸）—义泽河	62.5	防洪、治涝、供水（含饮用水源地）、航运	3
13	南六塘河	沂南区	古寨—武障河闸	44.2	治涝、供水、航运	4
14	义泽河	沂南区	盐河（义泽河闸）—灌河（东三岔）	10.9	防洪、治涝	3
15	武障河	沂南区	盐河—灌河（东三岔）	12.4	防洪、治涝、航运	3
16	灌河	沂南区	东三岔—黄海（燕尾港）	62.5	防洪、治涝、航运	3
17	盐河	沂南区	盐河闸—大浦河	151.1	供水（含调水）、航运、治涝	4
18	一帆河	沂南区	徐集—灌河（一帆河闸）	61.4	治涝、供水	4

（一）沭河

沭河古称沭水，发源于沂山南麓，南流至山东省临沭县大官庄分东、南两支。东支名新沭河；南支称总沭河，亦称老沭河，即沭河。沭河经山东省郯城县于红花埠流入江苏省新沂市，至口头村汇入新沂河。沭河在江苏省境内长 44.7 km，河道全部流经新沂市。沭河流域面积：大官庄以上 4 519 km²，以下至口头村区间 1 881 km²，其中江苏境内区间集水面积 400 多平方千米。沭河是沂沭泗地区的主要行洪河道，承泄中上游沂河东调入沭后经人民胜利堰闸南下的洪水和区间汇水。

沭河 50 a 一遇防洪设计流量为 2 500～3 000 m³/s。沭河苏鲁省界至塔山闸长 14.37 km，河底高程 25.60～20.60 m，比降 1∶2 900，河道汛期行洪、汛后蓄水，塔山闸上蓄水位 27.5 m 时，河床蓄水 800 万 m³；塔山闸至王庄闸长 14.0

km,河底高程 20.60～18.50 m,比降 1:6 500,王庄闸下河底高程 17.50 m;塔山闸以南 1 km 处河床中有一小岛,称中和岛,面积 12.5 km²;王庄闸至口头堤防长 17.1 km,河底高程 17.50～5.00 m,比降 1:1 400,堤距 322～380 m。

沭河苏鲁省界至口头堤防长 92.8 km,堤顶高程 34.75～21.73 m(废黄河高程,下同),堤顶宽 6 m,超高 2 m,边坡比 1:3。中和岛堤防周长 9.84 km,堤顶宽 4 m,堤顶超设计洪水位 2 m,内外坡比 1:3。岛北端有中和岛桥与沭河左岸连接,岛西侧有张庄桥与沭河右岸连接。堤防有三段沙堤,西堤焦圩段 4.19 km,东堤沙冲段 1.6 km,中和岛杜湖段 0.2 km。沿线涵闸 47 座,总过闸流量 307.2 m³/s;沿线泵站 9 座,总设计流量 12.09 m³/s。

沭河处于郯城断裂带东侧,属强震区,清康熙七年(1668 年)郯城大地震发生在沭河中游。上游属山区,中下游为冲积平原,两岸地形北高南低,坡降 1:1 000～1:300,新沂市境内渐趋平坦,平均坡降 1:500。

历史上,沭河在今山东省临沂东南分两支:一支向西南于今江苏省睢宁县古邳镇东南汇入泗河;一支向南至今江苏省沭阳县西又分两支,其中一支向西南于今江苏省宿迁市东南汇入泗河,另一支向东南于今江苏省东海县与涟水合流入海。明末清初,沭河经蔷薇河入海。沭河冬春之交常干涸无水,夏秋雨季,山洪暴发,水流陡增,峰高量大。下游新沂市境内河道弯曲,河槽狭窄,宣泄不及,河床为天然沙性,多为沙壤土,部分河段为粉细沙或壤土夹沙,冲刷严重,河槽下切,河堤极易溃决。

1949—1952 年,在山东省境内大官庄拦沭河建人民胜利堰,限制沭河进入江苏省流量不超过 1 000 m³/s;在人民胜利堰以上切开马陵山,分泄沭河洪水 3 500 m³/s,经新沭河出临洪口入海。1952 年,开辟"分沂入沭"水道,从李家庄分泄沂河洪水 1 000 m³/s,在人民胜利堰以下进入沭河,在新沂市境内整修堤防。1957 年汛后,按行洪 2 500 m³/s 加固堤防,险工护岸和加筑鸡嘴坝、中和岛圩堤。1974—1976 年,按照 1974 年洪水位超高 2 m、堤顶宽 6 m、内外坡比 1:3 标准,全线复堤整修,加固险工险段。1984 年按《沂沭泗河洪水东调南下工程》修正规划,以 20 a 一遇标准全面整治沭河。1985 年冬,加固沭河入新沂河口 500 m 回水段堤防。1988 年,浆砌块石护坡陈埝、老虎溜、焦圩、油坊庄、焦道、打靶场、土城等 7 处险工险段;裁弯取直利民闸段东堤;拆除重建利民闸,新闸 3

孔,3 m×3 m 钢筋混凝土箱涵。1991 年春,又批准了第二批应急加固处理工程,对沿线夏庄、舒吴、玄庙、杜湖、河湾、庙后、响马林、尹林苏营、北宋、铁道北、五里窑、王庄闸东堤上下游等多处险工段(共长 16.29 km)采用新建、翻修及整修干砌块石或浆砌块石护坡防冲;整修苏营、五里窑险工段底脚墙;整修王庄闸东堤上下游险工段防浪墙;加高培厚加周河湾段堤防等。两批工程共完成主要工程量土方 20.6 万 m³,块石 7.7 万 m³,混凝土及钢筋混凝土 1 664 m³。工程总投资 545 万元。

1991 年 10 月开始,按 20 a 一遇防洪标准实施河道复工。河道行洪流量:江苏省界至塔山闸以上段为 2 500 m³/s,塔山闸以下加上区间来水后为 3 000 m³/s。主要建设内容:省界、塔山闸和口头处设计洪水位全线加固堤防,加固沿线险工段;塔山闸加固扩孔和穿堤涵闸接长加固等。至 2000 年年底,总沭河复工工程共完成主要工程量土方 150 万 m³,砌石、混凝土及钢筋混凝土 10.8 万 m³。工程总投资 11 033 万元。

2008 年,水利部批复按 50 a 一遇防洪标准实施沭河治理工程,主要建设内容:新建壅水坝工程、塔山闸加固工程、杜湖桥拆建工程、险工处理工程、穿堤建筑物工程和防汛道路工程等。共完成土方 232.77 万 m³,石方 8.95 万 m³,混凝土及钢筋混凝土 11.25 万 m³。工程总投资 16 135 万元。

沭河,自江苏、山东两省边界红花埠流入江苏省新沂市境内。新沂市东毗沭阳、东海两县,西邻邳州市,南隔新沂河骆马湖与宿迁市相望,北接山东省郯城县。境内主要河道:沭河以东有黄墩河、淋头河、大沙河、虞姬沟、泥墩沟、时集截水沟以及沂北干渠和二七干渠;沭河以西有沂河、老沂河、白马河、浪清河、新墨河、臧圩河、新戴河和湖东排水河。新沂市原为 1949 年宿北县部分地区和潼阳五区合并成立的新安县,因境内有新沂河而得名新沂县,1990 年撤县建市。

沭河在新沂市区右岸有新戴运河汇入。新戴运河是沟通沭河与沂河的四级航道,自沭河向西流经新沂市区,后转向西南至柳沟回龙沟北入沂河,长 23 km。从京杭运河由骆马湖北航线入新戴运河,航程 37 km 可直达新沂市区马港船闸。在市区,东起新戴运河入沭(河)闸,西至新华路桥段为新戴运河景观带,是新沂市滨河园林城市的重要组成部分。

沭河向东南至塔山闸上,左岸有黄墩河汇入,过塔山闸向东南有中和岛,右岸有新墨河汇入。

（二）新沭河

新沭河，河道西起山东省临沭县沭河左岸大官庄枢纽新沭河泄洪闸，东穿马陵山麓，经山东省临沭县大兴镇流过石梁河水库，继续向东南汇入蔷薇河，至临洪口入海，长 80 km，其中连云港市境内长 53.1 km，石梁河水库以上流域面积 15 365 km²，石梁河水库以下流域面积 2 356 km²。江苏省境内河道位于连云港市东海县、赣榆区以及市区境内。新沭河是沂沭泗地区沂沭河洪水"东调入海"的主要河道，不仅承泄沭河及区间全部来水，而且还分泄"分沂入沭"水道调尾后部分沂河洪水。

新沭河是中华人民共和国成立后，为解除沂沭泗河洪水灾害而新开的"导沭经沙入海工程"。河道分段设计行洪流量：上段按新沭河泄洪闸分泄 6 000 m³/s 洪水加区间入流量确定，中段为 6 000 m³/s，下段为 6 000～6 400 m³/s。1974 年 8 月 15 日，石梁河水库站最高水位 26.82 m（废黄河高程，下同），河道最大行洪流量 3 510 m³/s。沿线涵闸 16 座，总过闸流量 392 m³/s；沿线泵站 6 座，总设计流量 15 m³/s。

江苏境内新沭河是利用赣榆区大沙河修建的，河道比降大、弯曲多、土质沙性。南宋绍熙五年（1194 年），黄河南流夺淮河入海以后，沭河、沂河等同时失去入海通道，苏北、鲁南地区形成大面积洪涝灾区。明清时期，地方官吏曾多次疏浚河道，清乾隆十年（1745 年），巡抚陈大受提出在马陵山凿岗开河导沭水入江苏省赣榆区大沙河，后因朝野意见不一未能实施，致使处于中下游的江苏省海州"无岁不灾，无灾不酷"。

1947 年 6 月 30 日至 7 月 7 日连日大雨，上游大水倾注，下游与蔷薇河水相侵，加之入海通道不畅，平地水深数尺，赣榆区墩尚镇以东一片汪洋，前后持续 10 余日之久，致灾 4 万 ha（1 ha＝10 000 m²），灾民达 10 万余人。

1948 年，中共华北局采纳 1947 年由山东省实业厅拟订的"导沭经沙（沙河）入海"方案，确定开挖新沭河，使沭河洪水主要从大官庄分流经沙河入海。1949—1952 年，在山东省临沭县大官庄拦沭河建人民胜利堰，在人民胜利堰以上大官庄村北沭河左岸向东南开挖新沭河，沿途劈开马陵山，拓挖沙河，分泄沭河洪水和沙河区间来水 3 800 m³/s 出临洪口汇入黄海。

1962年，在新沭河中游与山东省临沭县接壤处，开工兴建石梁河水库。石梁河水库是新沭河调洪、蓄水灌溉、综合开发利用的重要控制工程，使新沭河形成"一河一库控制"的防洪格局。

1971年2月，为使沂河、沭河洪水尽量就近由新沭河东调入海，腾出骆马湖、新沂河接纳南四湖南下洪水，水利电力部提出《治淮战略性骨干工程说明》，要求新沭河行洪能力按6 000 m³/s设计、以7 000 m³/s校核。1972—1981年，实施新沭河扩大工程，按行洪能力超7 000 m³/s、洪水位2.5 m、堤顶宽8～16 m的标准，培修加固石梁河水库以下两岸堤防91.2 km，块石护坡34 km；开挖石梁河水库以下至太平闸段中泓30.8 km；建成蒋庄漫水桥闸、朱圈漫水桥（310公路）、墩尚公路桥、太平庄挡潮闸、太平庄闸上沭南和沭北通航闸、临洪西抽水站等沿途各类建筑物23座。通过采取截走高水、中游改道、低水调尾的措施，解决沭北613 km²的排涝问题。

1991年开始，在治淮工程中按20 a一遇防洪标准实施新沭河续建工程，设计行洪能力为5 000 m³/s。主要建设内容：西赤金退堤，鲁兰河二期工程，海口段新筑5.3 km右堤堤防及左右堤复堤约29 km，临洪东抽水站续建，范河新闸续建及范河调尾河道拓宽，罗阳涵洞和无名涵洞拆除合建，新建朱稽河口排涝通航闸、张庄涵洞，公兴港闸、元宝港闸、海孚涵洞加固，太平庄闸上左右堤防干砌块石护坡19.1 km，毛园险工段处理，西赤金、墩尚段堤身灌浆11 km，大浦抽水站续建，堤顶防汛道路恢复，太平庄闸下滩地灭苇等。至2002年5月，新沭河复工工程共完成主要工程量土方362万 m³、石方4.5万 m³、混凝土及钢筋混凝土1.9万 m³。工程总投资11 507万元。

新沭河按20 a一遇防洪标准实施了部分工程，但沿线河道堤防渗流隐患、河道中泓不稳定及冲淤变化造成岸坡险工、病险涵闸混凝土碳化及钢结构锈蚀严重等问题仍未得到彻底处理。1999年开始，江苏省政府安排实施新沭河堤防消险加固工程，主要内容为堤防防渗处理、险工段除险加固、防汛道路拆除重建，以及加固穿堤建筑物3座、除险加固2座。工程总投资6 419万元。

2008年，实施新沭河50 a一遇治理工程，总投资87 278万元，其中新沭河治理工程（江苏段）河道治理及建筑物工程总投资32 062万元，三洋港挡潮闸工程总投资55 216万元。治理工程的主要措施为河道中段消险、下段疏浚，改建山岭房退水涵洞、磨山河桥闸,加固范河闸,新建富安调度闸、大浦第二抽水站和临洪东抽水站、自排闸,在入海口新建三洋港枢纽。

新沭河治理工程的实施不仅将新沭河防洪标准提高到 50 a 一遇,而且提高了连云港市区的排涝能力,改善了生态环境,提供了 200 万 m³ 淡水和 1 267 ha 耕地灌溉用水。

(三)蔷薇河

蔷薇河,地跨宿迁与连云港两市,具有饮用水源地、引水供水、防洪和灌溉等功能。其上段为黄泥河,源于新沂市高流镇淋头河畔的耀南村一带,流经沭阳县,右纳赶埠大沟,左纳黑泥河,东流至东海县吴场村通过倒虹吸过沭新河,经临洪闸入临洪河。蔷薇河长 53.4 km,河底宽 25~100 m,河底高程 -3.70~0.90 m,河口宽 80 m,集水面积 1 839 km²。设计防洪与排涝标准 5 a 一遇至 10 a 一遇,设计行洪流量 1 365 m³/s、洪水位 8.14~6.57 m、保护面积 952.1 km²;实际防洪标准,连云港市区段 50 a 一遇、市区以上 20 a 一遇;设计排涝 300 m³/s、排涝水位 5.5 m、排涝面积 693.0 km²;设计灌溉面积 4 万 ha、灌溉流量 60 m³/s。沿线涵闸 29 座,总过闸流量 279 m³/s;沿线泵站 51 座,总设计流量 109.45 m³/s。

蔷薇河是连云港市区主要饮用水水源地,年调引长江淮河水约 5 亿 m³。

蔷薇河两岸地势西高东低、北高南低,地面高程 2.80~27.00 m,属平原湖荡区。蔷北干渠、蔷薇河、沭新河、友谊河在吴场村相汇;建有蔷薇河地下涵洞、沭新退水闸、蔷北进水闸、沭新北船闸、桑墟水电站等工程;主要支流,左岸有黄泥河、民主河、马河、沭新河、鲁兰河、乌龙河等,右岸有前蔷薇河、玉带河;在汇入临洪河处建有临洪挡潮闸。

明朝至民国期间,蔷薇河曾十数次疏浚。明嘉靖(1522—1566 年)海州知州王同用以工代赈法在蔷薇河入海口筑 5 道堤坝挡海潮。清朝海州知州孙明忠、马会云、李永书、何廷谟等均征工挑浚蔷薇河。民国时期,南城人武同举作《吁兴江北水利文》,指出苏北沂沭洪水灾害的主因是下游不畅,应在治理沂沭的同时挑浚蔷薇河,并在临洪河建闸坝挡潮防淤,控制蓄泄。1931 年春夏间疏浚蔷薇河,1932 年春续浚蔷薇河张渡口至张湾段。1945 年后连续 5 年大水,1947 年蔷薇河两岸农田受灾达 97%。

1956 年,江苏省治淮指挥部编制《沂北地区排涝规划》,确定在蔷薇河上游开挖新开河,截西部 896 km² 高水入新沂河,蔷薇河仍由临洪河口入海。是年 3—5 月,疏浚、复堤蔷薇河小许庄至大夫亭段,兴建引排涵洞 11 座。

　1958 年起,蔷薇河以北流域实施"拦蓄山水,分级截水,河道蓄泄,洼地抽排,改善入海通道"治理规划。1958 年,建成安峰山、昌黎、贺庄、横沟、房山等大中型水库拦蓄山水;在蔷薇河下游建临洪闸,闸长 136.5 m,设计流量 1 380 m³/s,挡潮防淤,控制蓄泄。1959 年浚深拓宽蔷薇河沙板桥至临洪闸段,兴建洪门桥。1960 年疏浚开挖富安至临洪闸段。20 世纪 60—70 年代,先后开挖沭新河、石安河、龙梁河等,截高水分流。1961—1967 年,疏浚开挖引河和复堤工程。1969—1970 年,临洪闸上游疏浚 4 km,下游河道取直 3 km(至新沭河)。

　1970 年 7 月中下旬,沂沭河中下游地区连日暴雨,蔷薇河右堤、临洪河右堤分段决口 14 处,新浦、大浦、台北盐场被淹。

　1970 年 11 月至 1971 年 3 月,疏浚复堤友谊河口至临洪闸 51 km,兴建桥、涵 5 座,接长加固涵洞 64 座。1971 年 4—5 月,按堤顶高程 7.00 m、顶宽 4 m,复堤洪门桥至临洪闸 9.24 km。1974—1975 年春,块石护坡张湾段 13 处险工 4.45 km。

　1974 年 8 月,受台风倒槽与冷空气结合影响,沂沭河流域平均降雨 300 mm,蔷薇河 3 日平均暴雨量 293 mm,蔷薇河支流乌龙河、马河等均出现历史最高水位,东海县境内沭新河、马河漫决,大面积农田受淹。

　1976 年 12 月至 1979 年 7 月,兴建临洪西翻水站,装机 3 台套 9 000 kW,设计流量 90 m³/s,以抽排乌龙河流域 197 km² 内涝。

　1983 年 7 月,连云港境内连降暴雨,平均雨量 242 mm,其中市区 239 mm。是年 12 月至 1984 年 2 月,按 20 a 一遇防洪标准,复堤洪门桥至临洪闸段。1987 年 12 月至 1988 年 5 月,加高培厚田水河至洪门桥段东堤 6.8 km。1996 年,江苏省结合淮河水污染治理和环境保护,实施蔷薇河"送清水"工程,截污水入新沂河,建排污通道 145 km,最大排污能力 50 m³/s,使近 5 000 km² 范围内的供水水质得到根本改善。

　2000 年 8 月 28—31 日,受 12 号台风外围与冷暖气流共同影响,连云港市普降大暴雨,局部特大暴雨,加上正值天文大潮和石梁河水库客水压境,出现大风、暴雨、高潮、新沭河行洪碰头,全市直接经济损失达 48.18 亿元。当年

"8·30"大水后,复建 1978 年始建的临洪东排涝泵站,设计装机 12 台套 3.6 万 kW,抽排流量 360 m³/s,以供蔷薇河失去自排条件时抽排洪涝入临洪河。同年 11 月 27 日,复建 1981 年 1 月缓建的大浦抽水站,装机 6 台套 4 800 kW,抽水流量 40 m³/s,2004 年 1 月建成,供蔷薇河支流大浦河失去自排条件时抽排大浦河洪涝入新沭河。2008 年疏浚蔷薇河 12.7 km,疏浚后的下游出口段排涝标准由 5 a 一遇提高到 10 a 一遇。

（四）范河

范河位于江苏省连云港市赣榆区南部,发源于赣榆区门河镇西南堰水房、三里墩一带丘陵区,由西向东流经城头镇、沙河镇、墩尚镇、青口镇、宋庄镇等多镇,下游经范河闸入临洪河。范河全长 31.9 km,流域面积 280 km²,是沭北区域青口河以南地区的防洪排涝骨干河道,保护流域内 28 万人口、30 万亩耕地免遭洪涝威胁,确保上游洪水顺利入海。由于范河闸排水易受临洪河行洪顶托影响,而导致范河中上游农田经常受涝,为扩大范河排水出路,相关部门于 1999 年实施范河调尾工程,在临洪河口以北、朱稽付河闸以南新建范河新闸,于范河范口附近将范河上游来水调尾经范河新闸自排入海。2014—2016 年对范河（通榆河口以下段）进行综合治理,治理后范河排涝标准为 5 a 一遇,防洪标准为 20 a 一遇。

（五）磨山河

磨山河位于江苏省连云港市东海县的北部,穿越青湖、黄川两镇,在黄川入新沭河,是新沭河的主要支流之一。磨山河以排涝为主,作为新沭河的一条重要支河,保护面积 110 km²,其防洪与排涝同等重要。1984 年磨山河桥改建成桥闸后,拦蓄磨山河上游青湖闸水电站尾水,用于农田灌溉,实际灌溉面积 10 万亩。

第三节　社会经济

一、行政区划

连云港市现辖海州区、连云区、赣榆区、灌云县、灌南县、东海县 3 区 3 县,共有 10 个乡、50 个镇、30 个街道办事处。具体区划情况见表 1-3,乡、镇、街道办事处分布及名称见表 1-4。

表 1-3 连云港市行政区划一览表

地区	乡人民政府	镇人民政府	街道办事处	村民委员会	居民委员会
全市	7	53	30	1 429	270
一、市区	1	19	27	560	201
连云区	1		8	19	29
海州区		4	11	79	100
赣榆区		15		421	37
开发区			3	16	17
云台山风景区			1	9	2
徐圩新区			1	2	2
高新区			3	8	14
二、三县	6	34	3	869	69
东海县	6	11	2	346	25
灌云县		12	1	302	27
灌南县		11		221	17

表 1-4 连云港市全市乡、镇、街道办事处分布及名称

地区		个数	名称
连云区	街道办事处	8	墟沟、连云、云台、板桥、连岛、海州湾、宿城、高公岛
	乡	1	前三岛
海州区	街道办事处	11	朐阳、新海、新浦、海州、幸福路、洪门、宁海、浦西、新东、新南、路南
	镇	4	锦屏、新坝、板浦、浦南
赣榆区	镇	15	青口、柘汪、石桥、金山、黑林、厉庄、海头、塔山、赣马、班庄、城头、城西、宋庄、沙河、墩尚
市开发区	街道办事处	3	中云、猴嘴、朝阳
市高新区	街道办事处	3	花果山、南城、郁州
云台山风景区	街道办事处	1	云台
徐圩新区	街道办事处	1	徐圩
东海县	街道办事处	2	牛山、石榴
	乡	6	驼峰、李埝、山左口、石湖、曲阳、张湾
	镇	11	白塔埠、黄川、石梁河、青湖、温泉、双店、桃林、洪庄、安峰、房山、平明
灌云县	街道办事处	1	侍庄
	镇	10	伊山、杨集、燕尾港、同兴、四队、圩丰、龙苴、下车、图河、东王集、小伊、南岗
灌南县	镇	10	新安、堆沟港、田楼、北陈集、张店、三口、孟兴庄、汤沟、百禄、新集、李集

二、人口和居民生活

连云港市 2018 年年末户籍人口 534.34 万人,比上年末增加 1.81 万人,增长 0.3%。年末常住人口 452.0 万人,比上年末增加 0.16 万人,增长 0.04%。其中,城镇常住人口 282.95 万人,比上年末增加 4.17 万人,增长 1.5%。常住人口城镇化率 62.6%,比上年提高 0.9 个百分点。

2018 年,全市居民人均可支配收入 25 864 元,增长 8.8%(本节内容中所说增长均是与 2017 年相比)。其中,城镇常住居民人均可支配收入 32 749 元,增长 8.1%;农村常住居民人均可支配收入 16 607 元,增长 8.7%。

2018 年,连云港全年居民消费价格上涨 2.3%,八大类商品和服务项目价格指数全部上涨。其中,教育文化和娱乐类价格上涨 3.6%,涨幅最大;其他依次为居住、生活用品及服务、交通和通信、医疗保健、服装、食品烟酒、其他用品和服务,分别上涨 2.8%、2.7%、2.7%、2.3%、1.6%、1.5%、1.3%。工业生产者出厂价格小幅上涨 1.5%,其中生产资料类上涨 3.9%,生活资料类下降 6.7%;工业生产者购进价格上涨 3.6%。

三、工农业

2018 年,连云港实现农林牧渔业总产值 636.65 亿元,按可比价格计算增长 2.4%。其中,农业产值 304.65 亿元,增长 1.8%;林业产值 16.0 亿元,下降 1.1%;牧业产值 115.89 亿元,下降 0.5%;渔业产值 155.49 亿元,增长 4.4%;农林牧渔服务业产值 45.38 亿元,增长 8.7%。

2018 年,连云港粮食总产量 364.03 万 t,增长 0.5%。其中,夏粮亩产 388 kg,下降 2.1%;总产 141.12 万 t,下降 1.5%。秋粮亩产为 565 kg,增长 0.7%;总产 222.91 万 t,增长 1.8%。

2018 年连云港市社会经济情况统计情况见表 1-5。

2018 年,连云港市工业结构调整步伐加快,全市主动抓创新、促转型,大力淘汰落后产能,高新产业快速发展。全年高新技术产业占规模以上工业比重达 43.7%,比上年提高 8.9 个百分点。其中,新医药、新材料、新能源和高端装备制造等"三新一高"产业占高新技术产业产值比重达 97.0%。实现新产品产值

494.5 亿元,增长 12.5％,高于规模以上工业 20.6 个百分点。

表 1-5　2018 年连云港市社会经济状况统计表

区域	面积/km²	人口/万人	耕地面积/万亩	粮食产量/万 t	国民生产总值/亿元
连云港市	7 615.71	534.34	3 916.08	364.03	2 771.70
市区	3 012.31	224.06	1 188.88	97.25	1 549.29
其中赣榆区	1 514.08	119.97	699.99	51.61	608.26
东海	2 036.66	124.62	1 222.94	116.32	494.42
灌云	1 538.33	103.74	916.71	86.87	375.00
灌南	1 028.41	81.92	587.55	63.59	352.99

四、经济发展

2018 年,连云港第三产业占比 20 年来首次超过第二产业,三次产业结构调整为 11.7∶43.6∶44.7。全市实现地区生产总值 2 771.70 亿元,比上年增加 131.39 亿元,增长 4.7％。其中,第一产业增加 325.57 亿元,增长 2.6％;第二产业增加 1 207.39 亿元,增长 1.9％;第三产业增加 1 238.74 亿元,增长 8.2％。人均地区生产总值 61 332 元,低于江苏省的平均值,增长 4.5％。

五、交通运输

连云港位于南北过渡和陆海过渡的交汇点,是国际通道新亚欧大陆桥东端桥头堡,是陇海铁路、沿海铁路两大国家干线铁路的交会点,也是中国南北、东西最长的两条高速公路——同三高速和连霍高速的唯一交会点,具有海运、陆运相结合的优势,是国家规划的 42 个综合交通枢纽之一。如今,连云港已经形成海、河、陆、空四通八达的立体化、现代化的交通网络,具备较强的物流承载和运输能力。

（一）铁路

连云港是陇海铁路、沿海铁路两大国家干线铁路的交汇点,更是"八纵八横"高铁网中陆桥通道、沿海通道的交汇点。到"十三五"末,境内国铁干线运营总里程达 405 km,可直达全国各大中城市,并开通至郑州、西安、成都、兰州、阿拉山口和绵阳等地的集装箱运输"五定"班列,以及至阿拉木图、塔什干的中亚班列和至伊斯坦布尔的中欧班列,承担新亚欧大陆桥 90% 以上过境集装箱的运输工作。连云港依托陇海铁路,铁路客运和货运列车可直通北京、上海、南京、杭州、成都、武汉、西安、宝鸡、兰州、乌鲁木齐等大中城市,并通过京沪线、京九线、陇海线等连接全国各地。连云港通过青盐铁路连接济青高铁、京沪高铁,开通直达济南、石家庄、沈阳方向的动车。2018 年 12 月 26 日,青盐铁路开通运营。连云港初步形成以陇海铁路、青盐铁路为骨架的 T 形铁路运行网络,正式迈入高铁时代。

（二）公路

连云港市公路对外交通已全部实现高速化,密度在全国、全省名列前茅,204 国道穿境而过,是全国 45 个公路主枢纽之一。高速公路通车总里程达 336 km,密度达 4.51 km/km²。沈海、连霍、长深三条高速公路在境内交会,同时也是中国南北、东西最长的两条高速公路——同三高速和连霍高速的唯一交会点。

（三）机场

连云港市现有机场是白塔埠机场,为军民合用机场,是江苏省地级市中第一个、全国沿海地区第八个通航的机场。2018 年,机场在运航线 30 条,通达北京、上海、广州、徐州、厦门、哈尔滨等 27 个国内城市和泰国曼谷。在建连云港花果山国际机场,是江苏"两枢纽一大六中"规划的"一大"——省内大型机场（干线机场）,为江苏省第三大国际机场,仅次于南京禄口国际机场和苏南硕放国际机场。机场定位为江苏沿海中心机场,坚持发挥独特区位优势,以建设服务苏北鲁南地区、面向亚太的国际航空港为目标,着力打造区域东方物流中心。

（四）港口

连云港港地处中国沿海中部的海州湾西南岸、江苏省的东北端,主要港区位于北纬 34°44′、东经 119°27′。连云港港是中国沿海十大海港、全球百强集装箱运输港口之一,开通了 50 条远近洋航线,可到达世界各大主要港口。港口北倚长 6 km 的东西连岛天然屏障,南靠巍峨的云台山东麓,人工筑起的长达 6.7

km 的西大堤,从连岛的西首将相距约 2.5 km 的岛陆相连,使之形成约 30 km² 的优良港湾,为横贯中国东西的铁路大动脉——陇海、兰新铁路的东部终点港,被誉为新亚欧大陆桥东桥头堡和新丝绸之路东端起点,与韩国、日本等国家主要港口相距在 500 海里的近洋扇面内,是江苏最大海港、苏北和中西部最经济便捷的出海口,形成以腹地内集装箱运输为主并承担亚欧大陆间国际集装箱水陆联运的重要中转港口,是集商贸、仓储、保税、信息等服务于一体的综合性大型沿海商港。2018 年,连云港港货物吞吐量 2.36 亿 t,增长 3.2%;集装箱 474.56 万标箱,增长 0.7%;海河联运完成 1 189 万 t,增长 38.6%。

第四节 水 利 工 程

新沭河干流沿线水利工程主要包括大官庄水利枢纽、石梁河水库、蒋庄漫水闸、太平庄闸、三洋港挡潮闸等,其支流主要包括磨山闸、临洪枢纽、沭南沭北闸等。

一、大官庄水利枢纽

大官庄枢纽工程的主要作用是承接沭河来水和沂河部分洪水,在枢纽工程的有效控制下就近入海。根据沂沭泗洪水调度要求,控制分泄洪水入新沭河和老沭河,提高沂沭河中下游地区、骆马湖和新沂河的防御洪水能力,同时枢纽可以拦蓄径流,充分利用雨洪资源发展灌溉,使枢纽发挥综合效益。大官庄水利枢纽工程是沂沭河洪水东调的关键控制工程之一,它是连接沭河、分沂入沭水道、新沭河和老沭河的咽喉,主要由新沭河泄洪闸、人民胜利堰节制闸、南北灌溉工程和分沂入沭水道调尾拦河大坝等工程组成。

新沭河泄洪闸于 1974 年 3 月开工,1977 年 5 月建成投入运行,设计流量 6 000 m³/s,设计闸上水位 55.85 m(1956 年黄海高程系),闸下水位 55.60 m,校核流量 7 000 m³/s;闸底高程 46.00 m,闸顶高程 56.00 m,总宽 241.5 m,全长 127 m,共 18 孔。闸墩为钢筋混凝土结构,闸室为开敞式,净宽 12 m,工作闸门为弧形钢闸门,尺寸为 12 m×9.5 m(宽×高)。

人民胜利堰节制闸于 1993 年 11 月 10 日开工,1994 年 5 月底建成投入运行,设计流量 2 500 m³/s,闸底高程 47.00 m,闸顶高程 56.50 m,总宽 93.6 m,全长 181.5 m,共 8 孔。闸墩为钢筋混凝土结构,闸室为开敞式,闸孔净宽 10 m,工作闸门为弧形钢闸门,尺寸为 10 m×(9.5～9.0) m(宽×高)。人民胜利堰节制闸闸下 14 km 处是青泉寺拦河坝,该拦河坝最大拦蓄水量为 1 196 万 m³,回水可至人民胜利堰节制闸闸下,对出流有一定的影响。

南灌溉工程与人民胜利堰节制闸同时建设,位于人民胜利堰节制闸左侧,由引水闸、引水涵洞、洞后明渠、灌溉节制闸和灌溉渠首闸等部分组成。引水闸共两孔,孔口尺寸为 2.5 m×2.5 m,设计流量 24 m³/s,灌溉洞为钢筋混凝土承压方涵,灌溉面积 11.34 万亩。北灌溉工程于 2009 年建成投入运行,与南灌溉工程隔河相对,共两孔,孔口尺寸为 4.0 m×2.5 m,设计流量 80 m³/s 。

分沂入沭水道调尾拦河坝于 1997 年建成投入运行,全长 1 600 m,属亚黏土均质坝。坝顶高程 58.20 m,坝顶宽 6.5 m。内外坡比均为 1:3,内坡为浆砌石护坡,外坡为草皮护坡。

大官庄枢纽工程布置示意图如图 1-1 所示。

图 1-1　大官庄枢纽工程布置示意图

二、干流控制工程

(一)石梁河水库

石梁河水库位于新沭河中游,苏鲁两省的赣榆区、东海县、临沭县交界处,水库于 1958 年开工兴建,1962 年建成。水库承泄新沭河上游和沂河、沭河部分洪水,担负沂沭泗流域洪水调蓄任务。水库 100 a 一遇设计洪水位 26.81 m,2 000 a 一遇校核洪水位 28.0 m,总库容 5.31 亿 m³,调洪库容 3.23 亿 m³,兴利库容 2.34 亿 m³,设计灌溉面积 90 万亩(目前水库汛限水位为 23.5 m,汛后控制水位为 24.5 m,灌溉面积为 70 万亩),是江苏省最大的一座人工水库。枢纽工程主要有主坝一座,副坝两座。其中主坝长 5 200 m,坝顶高程 31.50 m,坝顶宽度 10.0～12.0 m,最大坝高 22.0 m;老副坝长 3 600 m,坝顶高程 31.50 m,坝顶宽度 10.0 m,最大坝高 7.5 m;新副坝长 3 750 m,坝顶高程 29.00 m,坝顶宽度 6 m,最大坝高 5 m。泄洪闸两座,南泄洪闸(新闸)10 孔×10 m,一级消能,设计流量 4 000 m³/s,液压式启闸系统;北泄洪闸(老闸)30 孔×4 m,二级消能,设计流量 3 000 m³/s,最大泄流量 5 000 m³/s,闸门形式为实腹梁式平板钢闸门,卷扬式启闭系统。灌溉输水涵闸四座,设计灌溉流量 106 m³/s。发电站一座,3 台机组,总装机容量 1 200 kW。该水库是一座具有防洪、灌溉、供水、发电、水产养殖、旅游等综合功能的大(2)型水库,既是沂沭泗洪水东调南下工程的重要组成部分,又是连云港市重点防洪保安工程。

(二)蒋庄漫水闸

蒋庄漫水闸位于连云港市东海县黄川镇、赣榆区沙河镇两镇交界处,在新沭河中游中泓线上,距离石梁河水库 8.1 km,是新沭河的梯级控制工程,为大(2)型水闸。闸室每孔净宽 10.00 m,共 15 孔,三孔一联,采用钢筋混凝土平底板,设计过闸流量 1 300 m³/s。主要功能是承泄石梁河水库及石梁河水库至蒋庄闸区间内新沭河段的洪水。该闸上下段新沭河河底高程相差 2 m 以上,通过该闸可调节上下游水位,减少水流对下游河床的冲刷,保证新沭河的行洪安全。非汛期可通过该闸拦蓄尾水,发展灌溉,设计灌溉面积 40 万亩,目前实际灌溉面积 24 万亩,其中东海县 17 万亩、赣榆区 7 万亩。

(三)太平庄挡潮闸

太平庄挡潮闸建成于 1977 年 7 月,主要作用是挡潮防淤、蓄淡、辅助排涝、沟通沭南沭北航运和灌溉等,设计流量 1 000 m³/s。闸室采用每孔净宽 9.7 m,共 12 孔,均为三孔一联,闸底高程－1.50 m,采用钢筋混凝土平底板,闸室、空箱岸墙均采用钢筋混凝土结构。公路桥布置在闸上游侧,桥面高程 4.00 m,桥面净宽 7 m,按公路—Ⅱ级设计,采用定型桥板。

（四）三洋港挡潮闸

三洋港挡潮闸工程位于新沭河下段桩号 11＋680 处,是新沭河入海口控制建筑物,具有挡潮减淤、泄洪、蓄水、交通、排涝等综合功能。工程按新沭河 50 a 一遇洪水标准设计,闸上设计行洪水位 3.88 m,闸下水位 3.70 m,设计流量 6 400 m³/s;设计挡潮水位为 100 a 一遇潮位 3.90 m,校核挡潮水位为历史最高潮位 4.08 m。

三、支流控制工程

（一）临洪水利枢纽

临洪水利枢纽位于连云港市主城区北郊,由 10 余座水闸(临洪闸、乌龙河调度闸、乌龙河自排闸、临洪东站自排闸、三洋港挡潮闸及排水闸、富安调度闸、大浦闸、大浦副闸等),4 座大中型泵站(临洪东站、临洪西站、大浦抽水站、大浦第二抽水站)及部分新沭河堤防组成,是连云港市最大的水利枢纽工程,其中大浦站管理所、临洪东站管理所、三洋港闸管理所为省一级水利工程管理单位。所辖工程处于新沭河、蔷薇河、大浦河、乌龙河最下游,担负着新沭河流域及市区城市供水、挡潮、蓄淡、排涝、泄洪、调水、排污、拦淤、沟通航运等重要任务,工程效益显著。

临洪闸位于蔷薇河末端,1958 年 11 月动工兴建,1959 年 12 月竣工,属大(2)型水闸,工程级别 3 级,共 26 孔,每孔净宽 5 m。闸身总宽 167.5 m,闸长 136.5m,设计流量 1 380 m³/s,校核流量 2 320 m³/s,蓄淡灌溉 70 万亩。采用 QPS-2×300 kN"一带二"绳鼓式启闭机共 13 台(套)启闭闸门,配有 75 kW 备用发电机组 1 台套。该工程 2007 年进行除险加固,加固内容主要包括:胸墙底梁、顶梁拆建、接高;门槽改造;混凝土结构碳化部位封闭处理;增建挡浪墙、护坡;更换闸门、钢丝绳,改造配电设施,增设启吊设施;房闭机房加固,新建管理设施;增设自动化控制系统等。

临洪东站自排闸位于临洪东站和大浦抽水站之间,按Ⅰ级水工建筑物设计,设计流量 650 m³/s,共 6 孔,每孔净宽 10 m,总净宽 60 m。闸室采用沉井基础,岸、翼墙采用灌注桩基础,闸室上游侧设立交通桥,下游侧设工作桥,桥面高程 8.86 m。上下游引河设计河底宽 120 m,河底高程－2.00 m,边坡 1∶4。

临洪东站为大(1)型排涝泵站,1978 年动工兴建,1980 年停工缓建,1992 年复工续建,2000 年建成投运,2012 年完成更新改造工程。最大排涝能力 360 m³/s,由 110 kV 专用变电所负责供电,是治淮工程沂沭泗洪水东调南下主体工程之一,主要承担着蔷薇河流域 1 054 km² 的内涝强排任务,是确保连云港市区及东陇海铁路防洪安全的关键工程。2009 年临洪东站更新改造,主要内容:水工建筑物及附属设施加固维修;更换主电机、主水泵 12 台套;更换高低压开关设备及控制、保护系统;辅机系统和金属结构维修;变电所更新改造,增设信息化管理系统等。

临洪西站为大(2)型排涝泵站,1976 年 12 月动工兴建,1979 年 7 月建成投运。安装 ZL30-7 型 3.1 m 立式轴流泵配 TDL325/58-40 型 3 000 kW 立式同步电动机 3 台(套),总装机容量 9 000 kW,设计扬程 3.8 m,设计流量 90 m³/s。主要担负着新沭河扩大行洪至 7 000 m³/s 后,排除乌龙河流域 197 km² 范围内 5 a 一遇的内涝。

大浦抽水站为中型排涝泵站,2001 年动工兴建,2004 年 1 月建成投运,装有 1600ZLB112-5 型轴流泵配同步电动机 6 台(套),总装机容量 4 800 kW,按 50 a 一遇设计,100 a 一遇校核,设计流量 40 m³/s,主要承担市区 122 km² 的涝水强排任务。排涝涵洞为 3 孔,每孔净宽 3.6 m、净高 3.5 m,建于大浦河左堤,引大浦河涝水至站前引河。调度涵洞为两孔,每孔净宽 2.75 m、净高 2.5 m,建于临洪东站引河右堤。

大浦第二抽水站主要建筑物按Ⅰ级水工建筑物设计,设计排涝流量为 40 m³/s,安装 4 台 1600ZLB-85 型立式轴流泵,叶轮直径 1.6 m,单机设计流量 10 m³/s,配 TL800-24/1730 同步电机,单机容量 800 kW,总装机容量 3 200 kW。

临洪水利枢纽示意图如图 1-2 所示。

临洪水利枢纽节制闸、泵站情况见表 1-6、表 1-7。

图 1-2　临洪水利枢纽示意图

表 1-6　临洪水利枢纽节制闸情况表

闸名	建成年份	孔数	闸孔净宽/m	闸底高程/m	设计流量/(m³/s)	备注
临洪闸	1959	26	5	-3.00	1 380	排水、挡潮
临洪东站自排闸	2011	6	10	-2.00	650	排水
三洋港挡潮闸	2011	33	15	-2.00	6 400	排水

表 1-7　临洪水利枢纽泵站情况表

站名	建成年份	机组数/台	单机容量/kW	总装机容量/kW	排涝面积/km²	设计流量/(m³/s)	备注
临洪东站	2000	12	2 000	24 000	1 054	300	排水
临洪西站	1979	3	3 000	9 000	197	90	排水
大浦抽水站	2004	6	800	4 800	122	40	排水
大浦第二抽水站	2011	4	800	3 200		40	排水

（二）磨山河闸

磨山河闸为开敞式水闸,6 孔,其中 5 孔净宽 8.0 m,1 孔净宽 3.0 m,顺水流向长 15.0 m。闸底高程 6.82 m,厚 1.6 m;闸墩厚 1.0 m,闸顶高程 14.97 m;闸室下游设 1.5 m 宽的工作便桥,桥面高程 14.97 m;上游布置 7.6 m 宽的公路桥,桥面高程 15.07 m,设计荷载等级为公路—Ⅱ级(折减为 0.8 倍)。上游设 15.0 m 长的钢筋混凝土铺盖,下游设 19.0 m 长、1.2 m 深的钢筋混凝土消力池,消力池后接 30.0 m 的灌砌块石海漫,后接 10.0 m 的抛石防冲槽。上、下游翼墙均采用钢筋混凝土扶壁式结构。磨山河闸设 5 扇 8.08×4.0 m 平面定轮钢质闸门及 1 扇 3.08×4.0 m 平面定轮钢质闸门,闸门配 QP-2×160 kN 绳鼓式启闭机 5 台套、QP-1×125 kN 绳鼓式启闭机 1 台套。

(三)沭南、沭北闸

沭南闸位于连云港市海州区浦南镇新沭河右堤,沭北闸位于连云港市赣榆区罗阳镇新沭河左堤。两闸均为 1 孔,闸孔净宽 12 m,设计流量 90 m³/s,校核流量 100 m³/s,主要作用是江水北调、沟通水系及航运。

第五节　河道演变

一、历史演变概况

新沭河是中华人民共和国成立初期兴建的"整沂导沭"工程,在原沙河的基础上开挖而成。其在江苏境内除石梁河水库库区以外,自水库泄洪闸至海口 44.67 km 全部是筑堤束水漫滩行洪,设计分泄老沭河洪水 2 800 m³/s,连同沙河故道区间来水 1 000 m³/s,共 3 800 m³/s。建成后不久,1956 年和 1957 年连续两年出现的最大行洪流量均在 3 000 m³/s 左右,一般年份为 1 000～2 000 m³/s,对分泄沭河洪水、安排沂河洪水、减轻骆马湖地区的洪水压力,发挥了重要作用。

由于新沭河河线弯曲、河道比降陡、流速大,加之沙质河床易冲刷、筑堤土料差及堤防碾压不实等,新沭河沿线存在诸多险工隐患,防洪形势十分严峻。20 世纪 70 年代初期,为扩大新沭河行洪能力,石梁河水库—海口段实施了挖泓复堤、堵平偏泓、清除障碍、调整堤线、沿线建筑物改扩建工程。"1971 年规划"进一步确定,新沭河洪水流量由 3 800 m³/s 扩大到 6 000～7 000 m³/s,同时配合沂水东调和分沂入沭水道调尾工程使新沭河除分泄本身洪水外,尽可能分泄沂河洪水。水利电力部以(72)水电字 309 号文对该规划进行了批复,至 1981 年先后经过八期施工,完成开挖干河中泓 30.8 km,复堤 87.2 km,护坡 34 km,兴建蒋庄漫水闸、墩尚公路桥、朱圈漫水桥、太平庄挡潮闸、沭南沭北闸、农场排涝涵洞等。1981 年新沭河工程被列为停工缓建项目。

1987 年 5 月连云港市新筑太平庄闸下右堤元宝港—海口段 2.67 km,设计堤高 5.20 m,顶宽 5 m,边坡 1:5。

1991 年《国务院关于进一步治理淮河和太湖的决定》确定:"续建沂沭泗河洪水东调南下工程,'八五'期间达到二十年一遇的防洪标准,'九五'期间达到五十年一遇的防洪标准。"淮委(水利部淮河水利委员会)于 1991 年批复新沭河西赤金退堤长 1 984 m,于 1992 年 6 月以(92)淮委规字第 31 号批复实施新沭河海口段筑堤工程,左堤从朱稽河口至海堤,长 2.693 km,右堤从元宝港闸至海堤,长 2.663 km。

1993 年 10 月,国务院批准沂沭泗河洪水东调南下工程复工,同意按 20 a 一遇洪水标准实施,并要求新沭河按 5 000 m³/s 的规模行洪,1998 年淮委对新沭河 20 a 一遇剩余工程进行了批复,主要工程内容:太平庄闸下至海口段两岸堤防复堤、太平庄闸下左堤防汛道路恢复、穿堤涵闸加固、太平庄闸上堤防险工处理、块石护坡、滩地清障以及范河调尾、范河新闸等。20 a 一遇工程自 1991 年起至 2002 年基本结束,完成投资 0.83 亿元。

1998 年 8 月沂沭泗地区发生大洪水,石梁河最大泄洪流量 2 200 m³/s,新沭河堤防渗漏严重、建筑物多处出现险情,危及防洪安全。江苏省省政府决定,以向银行贷款方式,重点解决新沭河堤防渗漏和病险涵闸加固,消除大堤险工隐患,确保行洪安全。新沭河堤防消险工程自 2000 年起至 2001 年结束,完成投资 0.58 亿元。

二、近期演变分析

新沭河太平庄挡潮闸建成于 1977 年,太平庄挡潮闸—入海口段河道长 13.86 km,由于距离入海口较远,太平庄挡潮闸不能有效地起到挡潮、防淤作用,因此,太平庄挡潮闸下段泓道断面受潮汐、河道行洪流量大小、时间长短影响而产生变化。

太平庄闸下河道现有 1971 年、1981 年、1985 年、1997 年、2004 年共五年的实测断面,为分析该段河道现状冲淤情况,对各年实测的相对应断面进行了对比分析。通过分析知,1971—1981 年淤积断面平均达到 283 m²,占原河道平槽过水面积的 36%,淤积量达到 233 万 m³,占原河道平槽蓄水量的 34%;1981—1985 年期间泓道断面略有扩大,断面平均扩大了 71 m²,占 1981 年河道平槽过水面积的 14%,冲刷量达到 40 万 m³,占 1981 年河道平槽蓄水量的 9%;1985—1997 年期间,河道冲刷加剧,断面平均扩大了 142 m²,占 1985 年河道平槽过水面积的 25%,冲刷量达到 180 万 m³,占 1985 年河道平槽蓄水量的 37%;1997—2004 年,河道冲刷有所减弱,断面平均扩大了 113 m²,占 1997 年河道平槽过水面积的 16%,冲刷量达到 47 万 m³,占 1997 年河道平槽蓄水量的 7%。

新沭河太平庄闸闸下河道冲淤变化曲线如图 1-3 所示。

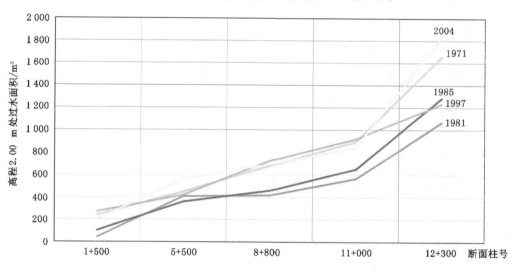

图 1-3　新沭河太平庄闸下河道冲淤变化曲线

根据分析,太平庄闸下段河道变化由泥沙淤积、行洪冲刷引起。

泥沙来源主要包括两个方面,一是上游行洪或排涝时所挟带的泥沙,二是临洪河口的潮汐作用带来的泥沙。临洪河口附近的淤泥质潮滩泥沙,主要来自临洪河和新沭河。随着石梁河水库、太平庄挡潮闸、临洪闸的兴建,使该段海岸泥沙来量大大减少,基本趋于稳定。由于涨潮时流速快,海水挟带泥沙能力较强,而落潮时流速相对较慢,海水挟带泥沙能力较弱,由涨潮流带进的泥沙不能全部由落潮流带出而形成潮汐泥沙,日积月累造成泓道的淤塞。连云港附近平均涨潮的含沙量为 2.209 g/L,平均落潮的含沙量为 1.156 g/L,可见涨潮时挟带的泥沙落潮时未能全部带走。因此可以认为泓道淤塞的泥沙来源主要是潮汐挟带的泥沙。

泓道冲淤还与河道行洪流量的大小及时间长短有关。根据实测资料,1971—1981 年期间的后五年,石梁河水库没有行洪,临洪闸排涝流量为 200～400 m³/s,至 1981 年泓道淤积平均达到 283 m³;1981—1985 年期间只有 1984 年行洪,泓道受该年度的洪水影响略有扩大;1985—1997 年期间,从 1993 年开始每年行洪,而且临洪闸的最大排涝流量均在 400 m³/s 以上,至 1997 年泓道被冲开的断面积达 142 m²;1997—2004 年有 3 a 行洪,其中 2003 年连续行洪 5 d,日平均流量基本在 400 m³/s 以上,太平庄闸下处于微冲状态。

综上,石梁河水库泄洪,对冲淤影响起主导作用,只要石梁河水库行洪且流量较大,太平庄闸下段会被冲蚀,否则会淤积。

为消除新沭河上段(石梁河水库以上)没有堤防,中下段(石梁河水库泄洪闸—太平庄闸)存在部分险工隐患,下段(太平庄闸以下)右堤超高不足、滩面阻水严重、堤防基础差、防洪风险大,沿线病险建筑物影响防洪安全,受新沭河行洪影响的下游低洼地区防洪除涝标准偏低等问题,2009 年新沭河 50 a 一遇治理工程批复实施。

根据《新沭河治理工程初步设计报告》,新沭河泄洪闸分泄沂沭河洪水可达 6 000 m³/s,陈塘桥—石梁河水库段河道行洪流量将提高到 6 640～7 590 m³/s,石梁河水库段—太平庄闸段设计流量 6 000 m³/s,太平庄闸下设计流量 6 400 m³/s。大浦闸排水通道 5 a 一遇排涝,设计流量 67 m³/s;磨山河桥闸 20 a 一遇防洪,设计流量 640 m³/s,10 a 一遇排涝,设计流量 462 m³/s;山岭房涵洞 20 a 一遇防洪,设计流量 29 m³/s,10 a 一遇排涝,设计流量 24 m³/s;临洪东站自排闸 10 a 一遇排涝,设计流量 650 m³/s,加固建筑物规模不变。连云港市区因洪致涝影响工程中大浦第二抽水站规模为 40 m³/s。富安调度闸满足 V 级航道通航及调水规模 100 m³/s 的要求。

建设内容包括石梁河水库以上复堤,太平庄闸下河道扩挖,新建三洋港挡潮闸及引河开挖,新建大浦第二抽水站、临洪东站自排闸、富安调度闸,拆建磨山河桥闸,加固范河闸,改建山岭房退水涵洞,中下段险工处理,新建堤顶防汛道路等。

随着防洪标准的提高和设计流量的增大,新沭河已成为沂沭泗河洪水东调入海的骨干河道。

三、演变趋势分析

太平庄闸闸下段河道变化由泥沙淤积、行洪冲刷引起,冲刷与河道行洪流量的大小及时间长短有关。目前,三洋港挡潮闸已建成,在非行洪、排涝期间,闸上河道不受潮汐影响,潮汐挟带的泥沙也不会造成太平庄闸上河道的淤积,太平庄闸在开闸行洪期间受行洪、潮汐共同影响,对河道的影响以冲刷为主。

三洋港挡潮闸建成,由于蓄水冲淤保港水量的减少,海水挟带的泥沙仍可能造成闸下河道淤积,开闸行洪、排涝能够冲刷闸下河道,可通过石梁河水库泄洪闸、三洋港挡潮闸共同调度,对闸下河道进行冲淤,以保证闸下河道行洪畅通,如果冲淤水量不足或调度运用不当仍会导致闸下淤积。

根据淮委《沂沭泗河洪水东调南下续建工程实施规划》,由于新沭河太平庄闸下段堤基是高压缩性海淤土,土质软弱,大堤沉陷量大,复堤后堤防稳定困难,加之抬高水位对连云港市区防洪安全不利,因此在50 a 一遇工程中采用"疏浚河槽,不抬高太平庄闸下水位"方案。对于下一阶段新沭河100 a 一遇工程,依旧采用"疏浚河槽,不抬高太平庄闸下水位"方案的可能性较大。太平庄闸上河道比降大,有可能采用抬高水位的方案,但也存在扩挖中泓及采用不抬高水位方案的可能。

第六节 设 计 洪 水

一、暴雨特性

新沭河流域的暴雨具有明显的季节性,6—9月为暴雨季节,其中以7月份暴雨最多。本流域一次暴雨过程为2~3 d,两次切变线系统过程的间隔最短为18 h。造成暴雨天气的原因,主要是黄淮气旋、台风、南北切变,其次是暖切变。

二、洪水特征

新沭河的洪水特征取决于沂河、沭河暴雨洪水特征以及大官庄枢纽的控制运用。因此新沭河洪水受到人为控制、调度运用的影响，而且这种影响将越来越大。

新沭河石梁河水库以下历年行洪最大流量见表 1-8。

表 1-8　新沭河石梁河水库以下历年行洪最大流量情况表

年份	最大流量/(m^3/s)	年份	最大流量/(m^3/s)	年份	最大流量/(m^3/s)
1973	1 260	1988	—	2003	705
1974	3 510	1989	—	2004	—
1975	2 890	1990	1 570	2006	—
1976	2 620	1991	2 150	2007	743
1977	108	1992	—	2008	2 120
1978	101	1993	1 860	2009	950
1979	106	1994	—	2010	452
1980	121	1995	—	2011	823
1981	87	1996	500	2012	2 440
1982	74	1997	670	2013	511
1983	159	1998	2 200	2014	—
1984	1 550	1999	24	2015	—
1985	—	2000	2 420	2016	—
1986	—	2001	20	2017	555
1987	—	2002	—	2018	3 890

三、设计暴雨

（一）区间设计洪水

石梁河水库以上有三个水文测站:控制上游来水的大官庄站、控制干流入流来水的大兴镇站及控制水库出流的石梁河站,三站自 1961 年以来均有连续且较完整的水文观测资料。由于大兴镇站位于水库回水影响区内,该站流量不能完全反映实际洪水过程,并且只能控制流域部分面积,因此,石梁河水库以上至新沭河大官庄区间(以下简称区间)洪水过程是石梁河水库出库总流量加上水库蓄变流量,并据此统计出年最大洪峰流量、3 d 洪量、7 d 洪量。由于区间难以进行历史洪水调查,所以采用1961—1980年洪峰流量及3 d、7 d洪量系列进行频率计算,设计洪水成果见表1-9。

表1-9 石梁河水库区间设计洪水成果表(直接法)

重现期/a	洪峰流量/(m³/s)	W_{24h}/(亿 m³)	W_{3d}/(亿 m³)	W_{7d}/(亿 m³)
10	2 785	1.17	1.68	2.00
20	3 692	1.54	2.18	2.57
50	4 910	2.05	2.87	3.33
100	5 860	2.44	3.40	3.91

（二）石梁河水库以上流域设计洪水

石梁河水库以上流域包括沂河临沂以上(面积为10 100 km²)、沭河大官庄以上(面积为4 350 km²)和新沭河大官庄至石梁河区间三部分,总面积为15 365 km²。考虑到大官庄—石梁河水库区间面积仅占6%,直接按石梁河水库以上流域面积和沂沭河(总)面积的比值推求石梁河水库以上流域设计洪水。放大系数$K = 15\ 365/14\ 450 = 1.063$。设计洪水成果见表1-10。

表1-10 石梁河水库以上流域设计洪水成果表

重现期/a	沂沭河(总)洪量/(亿 m³)		石梁河水库以上流域洪量/(亿 m³)	
	W_{3d}	W_{7d}	W_{3d}	W_{7d}
10	16.5	26.3	17.5	27.9
20	21.1	33.5	22.4	35.6
50	27	43	28.7	45.7
100	31.5	50.1	33.5	53.3

（三）沭河加区间设计洪水

沭河大官庄以上加区间各年最大3 d、7 d洪量是沭河大官庄加大官庄至石梁河水库区间的3 d、7 d各年洪量的最大值。沭河大官庄以上有四座水库拦蓄上游部分洪水,剩余洪水到大官庄以后分流,一部分经新沭河进入石梁河水库,另一部分沿老沭河南下,其量分别由大官庄闸(新)站、大官庄(溢)站测得。沭河大官庄以上的天然洪量由大官庄闸(新)站的洪量、大官庄(溢)站的洪量及水库拦蓄部分演算至大官庄的洪量三部分组成。

根据 1961—1980 年 3 d、7 d 洪量系列按大小顺序排位,按公式 $p=m/(N+1)$ 计算各年经验频率。其中 1974 年为实测系列中的特大值,由于区间洪水缺乏调查资料,参考沭河大官庄 47 a 实测系列,3 d 洪量按 47 a 中的第一位考虑,7 d 洪量按 47 a 中的第二位考虑,并考虑参数的地区协调选定。沭河加区间 3 d、7 d 洪量成果见表 1-11。

表 1-11　沭河加区间 3 d、7 d 洪量成果表

重现期/a	W_{3d}/(亿 m³)	W_{7d}/(亿 m³)
10	6.3	9.5
20	8.1	12.2
50	10.5	15.8
100	12.4	18.5

(四)设计洪水地区组成

根据石梁河水库水系特点及控制工程情况,石梁河以上流域分为沂河临沂以上、沭河大官庄以上和大官庄至石梁河水库区间三部分。考虑同频率洪水地区组成法组合为三种情况:① 区间与水库同频率,区间加沭河与水库同频率,沂河相应;② 沭河与水库同频率,沭河加区间与水库同频率,沂河相应;③ 沂河与水库同频率,区间加沭河相应。经分析,从工程安全角度出发,采用地区组成法组合为②所述情况,其组合成果见表 1-12。

表 1-12　石梁河水库设计洪水组合成果表

洪水地区组成	地区	时段	典型年(1974 年)/(亿 m³)	50 a 一遇洪峰流量/(m³/s)	50 a 一遇放大系数
沭河与水库同频率,沭河加区间与水库同频率,沂河相应	沭河	W_{3d}	10.2	9.45	0.926
		W_{7d}	11.6	14.0	3.250
	区间	W_{3d}	2.469	1.05	0.425
		W_{7d}	2.599	1.75	5.380
	沂河	W_{3d}	13.0	18.2	1.390
		W_{7d}	18.3	29.9	2.180

（五）设计洪水过程线计算

自 1950 年以来,石梁河水库以上较大的洪水有 1957 年、1970 年及 1974 年。从量级上来讲,1957 年洪水最大,1974 年洪水次之,1970 年洪水较小。从这三年洪水地区组成来看,沂河来水占 54.5%～72.5%,沭河来水占 21.8%～35.3%,区间仅占 5.3%～10.2%。虽然产水量以沂河为主,但沂河洪水主要向南排泄,因而对石梁河水库构成威胁的洪水是沭河及区间来水。1974 年洪水沭河加区间来水量均较 1957 年和 1970 年大,所占比例相对较大,因此设计时选择1974 年洪水过程线作为典型洪水过程线。

（六）设计流量

根据沂沭泗河洪水东调南下工程实施规划和石梁河水库扩大泄量初设报告,50 a 一遇洪水新沭河设计流量由新沭河泄洪闸分泄沂沭河洪水 6 000 m^3/s 加区间入流确定。石梁河水库以上河段考虑支流入汇;石梁河水库以下河段通过水库泄洪闸调节,按支流流量入汇凑泄 6 000 m^3/s;太平庄闸下段考虑临洪和大浦等站抽排汇入流量 400 m^3/s;100 a 一遇石梁河水库出库流量 7 000 m^3/s;300 a 一遇石梁河水库出库流量 9 070 m^3/s。各控制断面的设计流量见表 1-13。

表 1-13 新沭河控制断面设计流量成果表

设计频率	控制断面	设计洪峰流量/(m^3/s)
2%	大官庄	6 000
	大兴镇	7 590
	石梁河水库闸下	6 000
	太平庄闸上	
	临洪闸下	6 400
	三洋港闸下	6 400
1%	石梁河水库闸下	7 000
	太平庄闸上	
	临洪闸下	7 000
	三洋港闸下	7 000
0.33%	石梁河水库闸下	9 070
	太平庄闸上	
	临洪闸下	9 070
	三洋港闸下	9 070

第七节 水 文 站 网

一、站网属性

水文站网是在一定区域,按一定原则,用适当数量的各类水文测站构成的水文资料收集系统。在《中华人民共和国水文条例》中,水文测站分为国家基本水文站和专用水文测站两大类。又可将具有相同观测项目的测站组成站网,如雨量站网等。习惯上还按设站目的和作用,将水文站分为基本站、实验站、专用站和辅助站,实际上,水文条例中所述的专用站就是后面三种测站的统称。

基本站是为综合需要的公用目的,经统一规划而设立的,能获取基本水文要素值多年变化情况的水文测站。

专用站是为科学研究、工程建设、工程管理运用、专项技术服务等特定目的而设立的水文测站。为这些特定目的服务的专用站网,由区域或流域内的各类水文测站(包括基本站、实验站、专项监测站和辅助站)组成。对专用站网进行规划,主要是对所研究或服务区域内已有的各类站点进行适用性选择,以及补充增设部分专用站。

二、现有站网

截至 2019 年,新沭河有各类测站 14 个,主要集中在新沭河及其支流临洪河上,包括:水文站 4 个,即大官庄、大兴镇、石梁河水库和临洪;水位站 2 个,即太平庄闸、三洋港闸;雨量站 8 个,即临沭、石门等。

新沭河水文站网统计见表 1-14。

表 1-14 新沭河水文站网统计

地区	水文站/个	水位站/个	雨量站/个
海州区	1	1	2
赣榆区	—	1	2
东海县	1	—	2
临沭县	2	—	2

新沭河流域水文站网分布较合理,基本能通过它们掌握新沭河流域水文特性的变化规律。水文站观测的项目齐全,能满足新沭河防汛抗旱的需要,在历年新沭河防洪抢险中发挥了重要作用。

(一)大官庄水文站

大官庄水文站位于新沭河源头,是沭河东调洪水控制站。

大官庄水文站设于 1951 年 6 月,隶属于山东省水文局,为国家重点水文站。该站位于临沭县石门镇,是沭河干流控制站。沭河经大官庄水文站后分成两股,一股向东入江苏省石梁河水库称新沭河,另一股向南入江苏省新沂市称老沭河。

设站目的:监测沭河洪水东调入流过程,为分析新沭河上游段水文特性、探求新沭河流域水文规律、控制新沭河干流径流积累资料;为流域防洪调度提供水文情报预报,为工程管理等提供数据信息;为区域提供水资源监测信息和考核评价依据等。

1.测验项目

该站主要监测水位、流量、降水量、含沙量和水质等水文要素。大官庄水文站测验项目见表 1-15。

表 1-15 大官庄水文站测验项目

测验地点	测验项目	备注
闸上水尺	水位	新沭河、老沭河
闸下水尺	水位、单位水样含沙量、流量(公式推流)	新沭河、老沭河
输水洞	流量(公式推流)	
观测场	降水量、蒸发量	
水准点	水准测量	
水尺零点	水准测量	
测验河段	冰情目测	

2.测验设施

(1)降蒸测验设施:现有 12 m×12 m 观测场一处,设有降水、蒸发观测设施。

(2)水位测验设施:大官庄水文站现有新沭河闸上、下水尺断面,老沭河闸上、下水尺断面,新沭河放水洞闸上、下水尺断面,老沭河放水洞闸上水尺断面等 7 组断面,设有 5 组水尺,共计 39 支水尺。

（3）流量测验设施:现有走航式多普勒流速仪(ADCP)1 台,LS68 型流速仪 1 架,LS20B 旋桨流速仪 1 架。

（4）泥沙测验设施:现有滤沙室 1 间,水样桶 50 个,电烘箱 1 台,电子分析 天平 1 台。

（二）大兴镇水文站

大兴镇水文站位于淮河流域沭河水系新沭河上游,是石梁河水库上游干流 入库控制站,也是石梁河水库防汛调度的重要报汛站及水文预报重要站。

大兴镇水文站设于 1951 年 4 月,隶属于江苏省水文水资源勘测局,为国家 级重要水文站。该站位于山东省临沂市临沭县大兴镇大兴一村,自然地理坐标 东经 118°43′03.9″,北纬 34°46′13.5″,流量测验断面横跨苏鲁两省交界。

设站目的:监测石梁河水库入流过程,为分析新沭河上游段水文特性、探求 新沭河流域水文规律、控制新沭河干流径流积累资料;为流域防洪调度提供水 文情报预报,为省界水资源管理、生态环境保护、工程管理等提供数据信息;为 区域提供水资源监测信息和考核评价依据,为下游(主要为石梁河水库)防汛防 旱和水利工程调度等提供水文情报服务等。

1. 测验项目

该站主要监测水位、流量、降水量、含沙量和水质等水文要素。

2. 测验设施

（1）降蒸测验设施:现有 6 m×8 m 观测场一处,设有降水观测设施。

（2）水位测验设施:大兴镇水文站现有 1 处水尺断面。建有自记台 1 座,设 有 1 组水尺断面,共计 5 支水尺。

（3）流量测验设施:现有测流缆道 1 座,走航式多普勒流速仪(ADCP)1 台, LS68 型流速仪 1 架,LS78 型流速仪 1 架。

（4）泥沙测验设施:现有滤沙室 1 间,水样桶 30 个,电烘箱 1 台,电子分析 天平 1 台。

3. 测站特性

暴雨洪水特性属山丘区雨洪特性,暴涨暴落,且降水多集中于汛期(5—9 月);测站上游 22 km 有大官庄节制闸节制上游来水,当该闸执行分沂入沭洪水 分洪任务时,其下泄洪水与本站原控制流域面积的降水无因果关系,因而此时本断面洪水只受大官庄闸门开启程度、河流槽蓄及洪水传播时间影响。

大兴镇水文站基础信息见表 1-16。

表 1-16 大兴镇水文站基础信息

<table>
<tr><td rowspan="22">基础信息</td><td colspan="2">测站编码</td><td>51112000</td><td>集水面积</td><td>5 108 km²</td><td>设站时间</td><td>1951 年 4 月</td></tr>
<tr><td colspan="2">流域</td><td>淮河</td><td>水系</td><td>沭河</td><td>河流</td><td>新沭河</td></tr>
<tr><td colspan="2">经度</td><td colspan="3">118°43′03.9″</td><td>纬度</td><td>34°46′13.5″</td></tr>
<tr><td colspan="2">基面</td><td colspan="3">冻结(85 基准＋0.367 m)</td><td>高程</td><td>29.09 m</td></tr>
<tr><td colspan="2">测站地址</td><td colspan="5">山东省临沂市临沭县大兴镇大兴一村</td></tr>
<tr><td colspan="2">管理机构</td><td colspan="5">江苏省水文水资源勘测局连云港分局</td></tr>
<tr><td colspan="2">监测项目</td><td colspan="5">水位、流量、降水、泥沙、水质</td></tr>
<tr><td colspan="2">流量测验方法
及渡河方式</td><td colspan="5">流量测验方法:流速仪法、超声波法
渡河方式:水文缆道、桥测</td></tr>
<tr><td colspan="2">多年平均
年径流量</td><td>6.287 亿 m³</td><td>多年平均
年输沙量</td><td>46.99×10⁴ t</td><td>多年平均
年降水量</td><td>903.9 mm</td></tr>
<tr><td colspan="2">最大年径流量</td><td>21.96 亿 m³</td><td colspan="2">出现年份</td><td colspan="2">1963 年</td></tr>
<tr><td colspan="2">最小年径流量</td><td>0.457 亿 m³</td><td colspan="2">出现年份</td><td colspan="2">1981 年</td></tr>
<tr><td colspan="2">最大流量</td><td>3 870 m³/s</td><td colspan="2">出现时间</td><td colspan="2">1974 年 8 月 14 日</td></tr>
<tr><td colspan="2">最小流量</td><td>0 m³/s</td><td colspan="2">出现时间</td><td colspan="2">1951 年 4 月 21 日</td></tr>
<tr><td colspan="2">最高水位</td><td>27.21 m</td><td colspan="2">出现时间</td><td colspan="2">1974 年 8 月 15 日</td></tr>
<tr><td colspan="2">最低水位</td><td>河干</td><td colspan="2">出现时间</td><td colspan="2">1978 年 5 月 13 日</td></tr>
<tr><td colspan="2">测站位置特点</td><td colspan="5">该站上游 20 km 处有大官庄闸控制洪水下泄量,下游 13 km 处有石梁河水库,库
水位较高时,本站受变动回水影响</td></tr>
<tr><td colspan="2">测验河段特征</td><td colspan="5">测验河段顺直长度约 1 100 m,上游 500 m 处有弯道,较大洪水时水流流向不正,
河床冲淤变化较大,中泓左右摆动,沙质河床,左岸为风化岩石,右岸为沙壤土,
有坍塌现象</td></tr>
</table>

<table>
<tr><td rowspan="2">任务
作用</td><td colspan="7">主要任务:监测水位、流量、降水、泥沙水文要素,收集基本水文信息,肩负向淮河流域管理部门、
地方各级防汛指挥部门提供水情情报和预报任务;</td></tr>
<tr><td colspan="7">功能作用:控制新沭河干流径流,积累资料,探求流域水文规律,为下游(主要为石梁河水库)防汛
抗旱和水利工程调度等提供水文情报服务</td></tr>
<tr><td rowspan="6">历史
沿革</td><td>设立或变动</td><td>发生年月</td><td>站名</td><td>站别</td><td colspan="2">领导机构</td><td>说明</td></tr>
<tr><td>设立</td><td>1951.4</td><td>大兴镇</td><td>水文</td><td colspan="2">华东军政委员会水利部</td><td></td></tr>
<tr><td>停测</td><td>1956.1</td><td>大兴镇</td><td>水文</td><td colspan="2">治淮委员会</td><td></td></tr>
<tr><td>恢复</td><td>1961.7</td><td>大兴镇</td><td>水文</td><td colspan="2">江苏省水文总站</td><td></td></tr>
<tr><td>迁移</td><td>1979.6</td><td>大兴镇</td><td>水文</td><td colspan="2">江苏省水文总站</td><td>断面上迁 40 m</td></tr>
<tr><td>领导机构更名</td><td>1996.4</td><td>大兴镇</td><td>水文</td><td colspan="2">江苏省水文水资源勘测局</td><td></td></tr>
</table>

（三）石梁河水库水文站

石梁河水库水文站位于淮河流域沭河水系新沭河中游,是石梁河水库干流出库控制站,也是石梁河水库及其下游防汛调度的重要报汛站。

石梁河水库水文站设于 1960 年 6 月,隶属于江苏省水文水资源勘测局,站址位于江苏省连云港市东海县石梁河镇石梁河水库,自然地理坐标东经 118°51′37.3″、北纬 34°45′40.7″,为国家级重要水文站。

设站目的:监测石梁河水库入流过程,为分析新沭河上游段水文特性、探求新沭河流域水文规律、控制新沭河干流径流积累资料;为流域防洪调度提供水文情报预报,为省界水资源管理、生态环境保护、工程管理等提供数据信息;为区域提供水资源监测信息和考核评价依据,为下游(主要为石梁河水库)防汛抗旱和水利工程调度等提供水文情报服务等。

1. 测验项目

该站主要监测水位、流量、降水量、蒸发量、含沙量、水温、水质、墒情等水文要素。

2. 测验设施

（1）降蒸测验设施:现有 12 m×12 m 观测场一处,设有降水、蒸发观测设施。

（2）水位测验设施:石梁河水库水文站现有闸上、下水尺断面,石安河闸下水尺断面,共 3 组水尺断面。建有自记台 2 座,设有 3 组水尺断面,共计 18 支水尺。

（3）流量测验设施:现有测流缆道两座,走航式多普勒流速仪（ADCP）1 台,LS68 型流速仪 2 架,LS78 型流速仪 2 架。

（4）泥沙测验设施:现有滤沙室 1 间,水样桶 50 个,电烘箱 1 台,电子分析天平 1 台。

3. 测站特性

该站上游流域暴雨洪水特性属山丘区雨洪特性,暴涨暴落,且降水多集中于汛期(5—9 月);另外,测站上游 35 km 有大官庄节制闸节制上游来水,当该闸执行分沂入沭洪水分洪任务时,其下泄洪水与本站原控制流域面积的降水无因果关系。因本站属于水库控制站,洪水受水库调蓄、调节。

石梁河水库水文站基础信息见表 1-17。

表 1-17 石梁河水库水文站基础信息

<table>
<tr><td rowspan="19">基础信息</td><td>测站编码</td><td>51112100</td><td>集水面积</td><td>5 464 km²</td><td>设站时间</td><td>1960 年 6 月</td></tr>
<tr><td>流域</td><td>淮河</td><td>水系</td><td>沭河</td><td>河流</td><td>新沭河</td></tr>
<tr><td>经度</td><td colspan="2">118°51′37.3″</td><td>纬度</td><td colspan="2">34°45′40.7″</td></tr>
<tr><td>基面</td><td colspan="2">冻结(85 基准+0.246 m)</td><td>高程</td><td colspan="2">26.75 m</td></tr>
<tr><td>测站地址</td><td colspan="5">江苏省连云港市东海县石梁河镇石梁河水库</td></tr>
<tr><td>管理机构</td><td colspan="5">江苏省水文水资源勘测局连云港分局</td></tr>
<tr><td>监测项目</td><td colspan="5">水位、流量、降水、蒸发、泥沙、墒情、地下水、水温、水质</td></tr>
<tr><td>流量测验方法及渡河方式</td><td colspan="5">流量测验方法:流速仪法、建筑物法、超声波法
渡河方式:水文缆道、桥测</td></tr>
<tr><td>多年平均年径流量</td><td>7.422 亿 m³</td><td>多年平均年输沙量</td><td>13.88×10⁴ t</td><td>多年平均年降水量</td><td>905.8 mm</td></tr>
<tr><td>最大年径流量</td><td>23.53 亿 m³</td><td colspan="2">出现年份</td><td colspan="2">2008 年</td></tr>
<tr><td>最小年径流量</td><td>0.91 亿 m³</td><td colspan="2">出现年份</td><td colspan="2">1981 年</td></tr>
<tr><td>最大流量</td><td>3 510 m³/s</td><td colspan="2">出现时间</td><td colspan="2">1974 年 8 月 15 日</td></tr>
<tr><td>最小流量</td><td>0 m³/s</td><td colspan="2">出现时间</td><td colspan="2">1960 年 6 月 1 日</td></tr>
<tr><td>最高水位</td><td>26.82 m</td><td colspan="2">出现时间</td><td colspan="2">1974 年 8 月 15 日</td></tr>
<tr><td>最低水位</td><td>13.22 m</td><td colspan="2">出现时间</td><td colspan="2">1960 年 6 月 1 日</td></tr>
<tr><td>测站位置特点</td><td colspan="5">该站上游约 35 km 有大官庄节制闸一座,上游约 15 km 有大兴镇水文站。水库有正副坝各一处,正坝上现有南、北溢洪闸各一座,灌溉涵洞三处,均为平底闸,平板闸门。一处南涵洞 2 孔,一处在孟曹埠干渠 1 孔,设计最大流量 25 m³/s;一处在北干渠 2 孔,设计最大流量 30 m³/s;电站一座,3 孔,装机容量 3×400 kW;翻水站 3 座,一座石梁河翻水站,主要为水库补水,另两处为古城翻水站和磨山翻水站,功能是提水灌溉</td></tr>
<tr><td>测验河段特征</td><td colspan="5">测验河段基本顺直,长度约 900 m,下游约 200 m 处有弯道。测验河段上下游为人工河段,河床和岸壁稳定,河底平整。断面形状为梯形,总宽 280 m。断面左岸为块石护坡,右岸为沙壤土。河床稳定,无冲淤变化。该断面位于新、老泄洪闸汇口下游约 200 m 处,当老泄洪闸单独开闸泄洪时,断面水流流向稳定;当新泄洪闸单独泄洪或新老泄洪闸同时开闸泄洪时,断面水流流向不正</td></tr>
<tr><td rowspan="2">任务作用</td><td colspan="6">主要任务:监测水位、流量、降水、泥沙等水文要素,收集基本水文信息,报汛,控制石梁河水库径流,积累资料,探求流域水文规律;</td></tr>
<tr><td colspan="6">功能作用:石梁河水库控制站,也是石梁河水库及其下游防汛调度的重要报汛站,为石梁河水库及其下游防汛抗旱、水利工程调度等提供水文情报服务</td></tr>
<tr><td rowspan="5">历史沿革</td><td>设立或变动</td><td>发生年月</td><td>站名</td><td>站别</td><td>领导机构</td><td>说明</td></tr>
<tr><td>设立</td><td>1960.6</td><td>石梁河水库</td><td>水文</td><td>江苏省水文总站</td><td></td></tr>
<tr><td>迁移</td><td>1976.1</td><td>石梁河水库</td><td>水文</td><td>江苏省水文总站</td><td>溢洪道断面上迁 500 m</td></tr>
<tr><td>领导机构更名</td><td>1996.4</td><td>石梁河水库</td><td>水文</td><td>江苏省水文水资源勘测局</td><td></td></tr>
<tr><td>迁移</td><td>2002.6</td><td>石梁河水库</td><td>水文</td><td>江苏省水文水资源勘测局</td><td>溢洪道断面下迁 1 000 m</td></tr>
</table>

（四）临洪水文站

临洪水文站位于淮河流域沭河水系蔷薇河下游，是蔷薇河干流控制站。蔷薇河是流经连云港市区的最大河流，时常威胁城市防洪安全。临洪水文站防汛责任非常重大，肩负向各级防汛指挥部门提供水情情报任务，是连云港市防汛调度的重要报汛站。

临洪水文站设于 1963 年 6 月，隶属于江苏省水文水资源勘测局，站址位于江苏省连云港市海州区浦西街道办事处新圩村，自然地理坐标东经 119°08′46.4″、北纬 34°37′14.3″，为国家级重要水文站。

设站目的：为控制蔷薇河干流径流积累资料，探求流域水文规律，为连云港市市区防汛抗旱和水利工程调度等提供水文情报服务。

1. 测验项目

该站主要监测水位、流量、降水量、水质等水文要素。

2. 测验设施

（1）降蒸测验设施：现有 8 m×8 m 观测场一处，设有降水观测设施。

（2）水位测验设施：临洪水文站现有蔷薇河闸上、下水尺断面，东站引河闸上、下水尺断面，共 4 组水尺断面。建有自记台 4 座，设有 4 组水尺断面，共计 20 支水尺。

（3）流量测验设施：现有测流缆道两座，走航式多普勒流速仪（ADCP）1 台，LS68 型流速仪 1 架，LS78 型流速仪 1 架。

3. 测站特性

该站暴雨洪水特性属平原区雨洪特性，且降水多集中于汛期（5—9 月）；断面下游约 4 km 有节制闸节制来水，所以本站洪水受该闸影响很大。本站上游干流黄泥河右岸与淮沭新河之间建有蔷北进水闸、桑墟电站和蔷北地涵，均为从淮沭新河引水至本流域供连云港市生活及工农业用水。这些工程均对本站径流产生重要影响。由于口门较多，情况复杂，难于控制，因此本站对断面以上流域径流控制是不全面的，并且与外来水相混，不易分清。

临洪水文站基础信息见表 1-18。

表 1-18 临洪水文站基础信息

<table>
<tr><td rowspan="18">基础信息</td><td>测站编码</td><td>51113800</td><td>集水面积</td><td>1 365 km²</td><td>设站时间</td><td>1963 年 6 月</td></tr>
<tr><td>流域</td><td>淮河</td><td>水系</td><td>沭河</td><td>河流</td><td>蔷薇河</td></tr>
<tr><td>经度</td><td colspan="2">119°08′46.4″</td><td>纬度</td><td colspan="2">34°37′14.3″</td></tr>
<tr><td>基面</td><td colspan="2">冻结(85 基准＋0.279 m)</td><td>高程</td><td colspan="2">3.40 m</td></tr>
<tr><td>测站地址</td><td colspan="5">江苏省连云港市海州区浦西街道办事处新圩村</td></tr>
<tr><td>管理机构</td><td colspan="5">江苏省水文水资源勘测局连云港分局</td></tr>
<tr><td>监测项目</td><td colspan="5">水位、流量、降水、水质</td></tr>
<tr><td>流量测验方法及渡河方式</td><td colspan="5">流量测验方法:流速仪法、超声波法
渡河方式:水文缆道</td></tr>
<tr><td>多年平均年径流量</td><td colspan="2">6.120 亿 m³</td><td>多年平均年输沙量</td><td>—</td><td>多年平均年降水量　892.2 mm</td></tr>
<tr><td>最大年径流量</td><td colspan="3">12.00 亿 m³</td><td>出现年份</td><td>2003 年</td></tr>
<tr><td>最小年径流量</td><td colspan="3">0.554 亿 m³</td><td>出现年份</td><td>1978 年</td></tr>
<tr><td>最大流量</td><td colspan="3">760 m³/s</td><td>出现时间</td><td>2000 年 9 月 3 日</td></tr>
<tr><td>最小流量</td><td colspan="3">0 m³/s</td><td>出现时间</td><td>1963 年 7 月 1 日</td></tr>
<tr><td>最高水位</td><td colspan="3">5.93 m</td><td>出现时间</td><td>1974 年 8 月 14 日</td></tr>
<tr><td>最低水位</td><td colspan="3">河干</td><td>出现时间</td><td>1970 年 11 月 22 日</td></tr>
<tr><td>测站位置特点</td><td colspan="5">临洪断面上游 2.0 km 处有富安调度闸,上游 1.8 km 处左岸有鲁兰河汇入,下游 4 km 有临洪闸,本站下泄水量受临洪闸控制;临洪(东)断面下游 0.9 km 处有临洪东站与东站自排闸,其中临洪东站总排水流量 300 m³/s;东站自排闸设计流量 650 m³/s,在上游 45 m 和 200 m 有临洪河大桥与翻水河桥各一座</td></tr>
<tr><td>测验河段特征</td><td colspan="5">临洪断面河段顺直,上游长约 1 700 m,下游长约 500 m,主槽宽 110 m,为复式断面,右岸滩宽 80 m,左岸滩宽 30 m,亚黏土河床,左岸为亚黏土,右岸为亚砂土,逐年有冲刷,断面水流集中,无岔流串沟;临洪(东)断面河段顺直,上游长约 450 m,下游长约 400 m,主槽宽约 160 m,左岸滩宽 20 m,右岸滩宽35 m,两岸边各有约 30 m 回流区</td></tr>
</table>

<table>
<tr><td rowspan="2">任务作用</td><td colspan="6">主要任务:监测水位、流量、降水水文要素,收集基本水文信息,控制临洪河干流径流,积累资料,探求流域水文规律,为连云港市市区防汛抗旱提供水文情报服务;</td></tr>
<tr><td colspan="6">功能作用:为临洪水利枢纽工程调度、管理提供资料</td></tr>
<tr><td rowspan="5">历史沿革</td><td>设立或变动</td><td>发生年月</td><td>站名</td><td>站别</td><td>领导机构</td><td>说明</td></tr>
<tr><td>设立</td><td>1963.6</td><td>临洪</td><td>水文</td><td>江苏省水文总站</td><td></td></tr>
<tr><td>领导机构更名</td><td>1996.4</td><td>临洪</td><td>水文</td><td>江苏省水文水资源勘测局</td><td></td></tr>
<tr><td>迁移</td><td>2002.1</td><td>临洪</td><td>水文</td><td>江苏省水文水资源勘测局</td><td>断面下迁 1 000 m</td></tr>
<tr><td>增设临洪(东)断面</td><td>2013.4</td><td>临洪</td><td>水文</td><td>江苏省水文水资源勘测局</td><td></td></tr>
</table>

（五）太平庄闸水位站

太平庄闸水位站位于淮河流域沭河水系新沭河中下游，是新沭河干流控制站，是连云港市防汛调度的重要报汛站。太平庄闸水位站隶属于江苏省水文水资源勘测局，站址位于江苏省连云港市海州区浦南街道办事处太平庄村。

设站目的：监测新沭河太平庄闸段洪水过程，为分析新沭河太平庄闸段行洪特性积累资料，为流域防洪调度提供水文情报预报，为工程管理等提供数据信息，为防汛抗旱和水利工程调度等提供水文情报服务等。

测验项目：水位。

测验设施：建有自记台 1 座，设有 1 组水尺断面，共计 6 支水尺。

（六）三洋港闸水位站

三洋港闸水位站位于淮河流域沭河水系新沭河下游，是新沭河干流入海控制站，是连云港市防汛调度的重要报汛站。三洋港闸水位站隶属于江苏省水文水资源勘测局，站址位于江苏省连云港市连云区三洋港挡潮闸管理所。

设站目的：监测新沭河入海口段洪水过程，为分析新沭河入海口行洪特性积累资料，为流域防洪调度提供水文情报预报，为工程管理等提供数据信息，为防汛抗旱和水利工程调度等提供水文情报服务等。

测验项目：降水量、水位。

测验设施：建有自记台 2 座，设有 2 组水尺断面，共计 12 支水尺。

以上 4 个水文站、2 个水位站自设站以来，为新沭河流域防汛抗旱和水资源调度提供了及时的水情服务，所积累的长系列水文资料为工程建设、水资源开发利用和水环境保护等诸多方面提供了科学的分析计算依据。

第二章　雨水情综述

第一节　台　　风

一、路径分析

2019 年第 9 号台风"利奇马"于 8 月 4 日 14 时在菲律宾以东约 1 000 km 的洋面上生成,7 日 23 时加强为超强台风,10 日 1 时 45 分许在浙江温岭市城南镇沿海登陆,登陆时中心附近最大风力 16 级(52 m/s)。22 时从太湖南部进入江苏省,经苏州、无锡、南通、盐城北上,11 日 12 时许从连云港灌云县灌西盐场入海,20 时 50 分前后在青岛市黄岛区沿海再次登陆,登陆时中心附近最大风力 9级。此后移入渤海海面并不断减弱,13 日 8 时在渤海东部海面减弱为热带低压,13 日 14 时被中央气象台停止编号。

"利奇马"台风前期沿着副高南侧引导气流向西北方向移动。受西风槽影响,副高和大陆高压断裂,"利奇马"登陆后在副高西侧北上。"利奇马"登陆后结构变得松散,并与低压云团存在互旋,彼此之间存在逆时针互旋效应。后来低压环流逐步减弱并入"利奇马"环流后,在副高西侧偏南气流引导下,台风移速又有所加快。"利奇马"在江苏北部、山东南部与西风槽结合,从温压场结构看,台风的正压结构逐步瓦解,在台风西侧、西南侧有冷平流,东侧则为暖平流,已经变性成斜压结构的温带气旋。

二、特点分析

台风"利奇马"具有登陆强度强、陆上滞留时间长、暴雨强度大、持续时间长且影响范围广、灾害影响重等特点。

（1）登陆强度强。"利奇马"登陆时强度为强台风,中心附近最大风力 16 级（52 m/s）,登陆强度列 1949 年以来第三位（最强为 200608"桑美"17 级 60 m/s）。

（2）陆上滞留时间长。"利奇马"在我国陆上强度维持在热带风暴及以上级别的滞留时间长达 44 h,其滞留时间为 1949 年以来第六长。1949 年以来在我国陆上滞留时间 40 h 以上的台风列表见表 2-1。

表 2-1　1949 年以来在我国陆上滞留时间 40 h 以上的台风列表

序号	国内编号	台风名称	滞留时间/h
1	1810	"安比"	57
2	9012	"Yancy"	51
3	0907	"天鹅"	47
4	1410	"麦德姆"	46
5	0908	"莫拉克"	45
6	1909	"利奇马"	44
7	0509	"麦莎"	41

（3）暴雨强度大。受"利奇马"登陆影响,浙江、江苏、上海、山东、河北、辽宁等省市普降暴雨到大暴雨,部分地区降特大暴雨,14 个地市累积降雨量达 150 mm 以上,"利奇马"在山东造成的过程降雨强度位列历史第一,在浙江的降雨强度位列历史第二。最大日降雨量,浙江温州福溪水库站达 722 mm,台州刘家站达 553 mm,安徽宣城牌坊站 390 mm,江苏连云港麦坡站 303 mm。

（4）持续时间长且影响范围广。9—16 日,"利奇马"先后影响长江、太湖、淮河、黄河、海河、松辽等 6 个流域,共计 11 个省市,时间长达 8 d,较台风一般影响时间（3 d）长 5 d。

（5）灾害影响重。"利奇马"风雨强度大,影响区域又位于中国东部经济发达、人口密集的地区,加之北方沿海地区面对台风灾害防御能力较弱,造成了严重的灾害损失。

受"利奇马"登陆影响,3 天内台风降雨就造成浙江、江苏、上海、安徽、山东 80 条河流发生超警洪水,超警幅度 0.02～4.48 m,其中 40 条河流超保,超保幅度 0.01～2.48 m。山东弥河、沙河、小清河及其支流孝妇河,上海吴淞江,安徽水阳江,江苏新沂河等 7 条河流发生超历史洪水。

三、相似分析

21 世纪以来,与"利奇马"台风路径相似并影响江苏省的台风还有四次,分别是 2001 年 08 号台风"桃芝",2005 年 09 号台风"麦莎",2005 年 15 号台风"卡努"和 2007 年 13 号台风"韦帕"。

从 5 个台风的移动路径来看,"利奇马"最偏东,经太湖北上影响江苏省,其他台风基本从苏浙皖交界处进入江苏省。由于台风初始强度、移动路径、登陆地点等因素的不同,台风影响期间,降水分布并不相似。

江苏省典型相似台风降水量比较见表 2-2。

表 2-2　江苏省典型相似台风降水量比较表

相似台风	影响时间	淮北地区 /mm	江淮之间 /mm	苏南地区 /mm	江苏省 /mm
"利奇马"	2019-8-9	1.3	9.4	37.2	13.5
	2019-8-10	116.3	70.6	87.2	90.0
	2019-8-11	18.8	0.8	0.1	6.6
	合计	136.4	80.8	124.5	110.1
"桃芝"	2001-7-31	19.4	27.8	53.6	31.9
	2001-8-1	22.3	14.6	8.2	15.5
	合计	41.7	42.4	61.8	47.4
"麦莎"	2005-8-5	12.6	9.6	25.5	14.5
	2005-8-6	9.6	46.8	73.3	41.1
	2005-8-7	26.0	35.2	3.7	24.4
	合计	48.2	91.6	102.5	80.0
"卡努"	2005-9-11	5.8	39.5	51.7	31.4
	2005-9-12	32.1	18.8	1.4	19.0
	合计	37.9	58.3	53.1	50.4
"韦帕"	2007-9-18	17.8	40.8	49.8	35.5
	2007-9-19	101.4	66.1	33.0	69.6
	合计	119.2	106.9	82.8	105.1

由表 2-2 可知,从降水影响时间来看,2019 年"利奇马"为 3 d,2005 年"麦莎"也为 3 d,其他 3 场台风均为 2 d;从影响范围来看,"利奇马"与其他历史典型相似台风都对江苏省形成影响;从影响强度来说,"利奇马"最大 1 d 面雨量为

90.0 mm，与 2007 年"韦帕"105.1 mm 较为接近，超出其他几个台风的最大 1 d 面雨量（47.4～65.5 mm）。

第二节　暴　　雨

一、暴雨成因

水汽来源充足是该次暴雨形成的主要原因。2019 年 8 月 9 日，西太平洋同时存在两个台风（"利奇马""罗莎"）活动，同时菲律宾北部的南海地区有一个低压云团活动，"利奇马"在登陆前，其东南侧、西南侧的水汽输送通道分别被"罗莎"和南海低压截断，"利奇马"主要的水汽来源为它附近的温暖海面。

2019 年"利奇马"台风期卫星云图如图 2-1、图 2-2 所示。

图 2-1　2019 年 8 月 9 日 8 时 40 分卫星云图

根据海温分析，8 月 8 日，"利奇马"北上时东海海温大面积达到 29 ℃以上，可以为台风提供充足的水汽和热量，使得"利奇马"可以长时间维持超强台风级，并且以超强台风级别登陆。

2019 年 8 月 9 日，"利奇马"沿副高（副热带高压）外围西南气流向西北方向移动。8 月 10 日，受西风槽影响，副高和大陆高压断裂，"利奇马"登陆后在副高

图 2-2　2019 年 8 月 10 日 9 时 30 分卫星云图

西侧继续向偏北方向移动,连云港市地处台风倒槽顶部,受偏东气流影响,源源不断的水汽由海上输送至连云港,后期随着台风"利奇马"与东移的西风槽在江苏北部、山东南部相结合,槽前的西南气流与台风带来的偏东气流交汇于此,造成连云港市出现区域性大暴雨,局部特大暴雨。8 月 11 日,"利奇马"在江苏北部、山东南部与西风槽结合,从温压场结构看,台风的正压结构逐步瓦解,在台风西侧、西南侧有冷平流,东侧则为暖平流,已经变性成斜压结构的温带气旋,形成第二个雨峰。8 月 12 日,台风继续北上,对连云港影响越来越小,降雨也逐渐停止。

二、时空分布

(一)沂沭泗

受"利奇马"和西风槽共同影响,2019 年 8 月 10 日 8 时—12 日 8 时,淮河流域沂沭泗河水系出现大暴雨、特大暴雨天气,平均降雨量 144.0 mm,最大点雨量东里店 405 mm。其中,临沂以上 233.1 mm,大官庄以上 191.9 mm,邳苍区 171.3 mm,新沂河 138.7 mm,南四湖 98.2 mm。降雨量超过 100 mm、200 mm

笼罩面积分别为 5.38 万 km²、1.33 万 km²，分别占沂沭泗流域面积的 67%、17%。

8 月 10 日 8 时—12 日 8 时沂沭泗流域降雨等值线图如图 2-3 所示。

图 2-3　8 月 10 日 8 时—12 日 8 时沂沭泗流域降雨等值线图

临沂以上 2 d 平均降水量达到 233.1 mm，位列 1952 年以来历史第一。

（二）连云港地区

沂沭泗下游连云港市暴雨起止时间为 2019 年 8 月 10 日 6 时—12 日 6 时，历时 48 h，累计降水 146.7 mm。暴雨中心位于东海县驼峰乡麦坡村，累计降水 362.5 mm，最大 1 d 降雨量 303.0 mm，位列建站以来历史第一位，频率超 90 a 一遇。暴雨造成新沭河、新沂河及连云港市部分骨干河道发生较大洪水，东海县城区发生严重内涝。

8 月 10 日 6 时—12 日 6 时连云港市降雨等值线图如图 2-4 所示。

三、暴雨强度

经统计分析，2019 年连云港市最大 1 d 降雨量 122.5 mm，历史排第 8 位；最大 3 d 降雨量 149.9 mm，历史排第 15 位；最大 7 d 降雨量 155.6 mm，历史排第

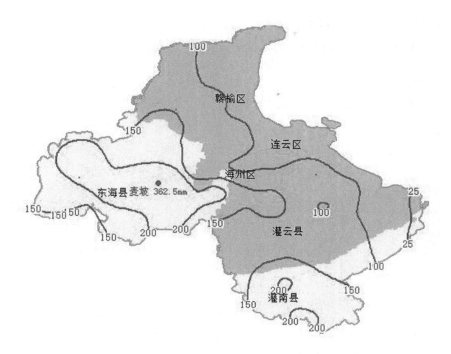

图 2-4　8 月 10 日 6 时—12 日 6 时连云港市降雨等值线图

35 位；最大 15 d 降雨量 222.1 mm，历史排第 33 位；最大 30 d 降雨量 308.4
mm，历史排第 37 位。

2019 年连云港市不同历时降雨量排位统计成果见表 2-3。

表 2-3　2019 年连云港市不同历时降雨量排位统计成果表

项目		当前	历史	排位
最大 1 d	雨量/mm	122.5	216	8/68
	起始日期	2019-8-10	2000-8-30	
最大 3 d	雨量/mm	149.9	336.4	15/68
	起始日期	2019-8-9	2000-8-28	
最大 7 d	雨量/mm	155.6	394.1	35/68
	起始日期	2019-8-10	2000-8-24	
最大 15 d	雨量/mm	222.1	434.1	33/68
	起始日期	2019-7-29	2000-8-17	
最大 30 d	雨量/mm	308.4	639.5	37/68
	起始日期	2019-7-14	1974-7-15	

暴雨中心麦坡雨量站最大 1 d 降雨量为 303.0 mm，起始日期 8 月 10 日；最大 3 d 降雨量 362.5 mm，起始日期 8 月 10 日；最大 7 d 降雨量 363.5 mm，起始日期 8 月 5 日；最大 15 d 降雨量 425.5 mm，起始日期 7 月 28 日；最大 30 d 降雨量 512.5 mm，起始日期 7 月 13 日。

暴雨中心东海县驼峰乡麦坡雨量站不同历时降雨量排位统计成果表见表 2-4。

表 2-4　麦坡雨量站不同历时降雨量统计成果表

项目		当前	历史	排位
最大 1 h	雨量/mm	50.5	84	17/43
	起始日期	2019-08-10	1988-07-21	
最大 3 h	雨量/mm	116.5	119.8	3/43
	起始日期	2019-08-10	2005-08-01	
最大 6 h	雨量/mm	161	150	1/55
	起始日期	2019-08-10	2005-07-31	
最大 12 h	雨量/mm	194.5	197.1	3/55
	起始日期	2019-08-10	1965-08-04	
最大 24 h	雨量/mm	330.5	245.2	1/55
	起始日期	2019-08-10	2005-07-31	
最大 1 d	雨量/mm	303.0	245.2	1/69
	起始日期	2019-8-10	2005-7-31	
最大 3 d	雨量/ mm	362.5	317.8	1/69
	起始日期	2019-8-9	2005-7-31	
最大 7 d	雨量/mm	363.5	366.9	2/69
	起始日期	2019-8-5	2000-8-24	
最大 15 d	雨量/mm	425.5	484.7	4/69
	起始日期	2019-7-28	1970-7-15	
最大 30 d	雨量/mm	512.5	666.2	7/69
	起始日期	2019-7-13	2005-7-7	

四、暴雨特点

"利奇马"台风期间，连云港市降雨主要呈现以下特点。

（一）暴雨集中，强度大

2019 年降雨集中在 8 月，而且强度大，占汛期降雨量的 40.2%，占全年降水量的 28.9%。暴雨过程集中在 8 月 10 日—12 日,连云港市平均降雨量 146.7 mm,占汛期降雨量的 29.2%,占全年降水量的 21.6%。

2019 年 8 月 10 日 6 时—12 日 6 时,全市最大 12 h 降雨量 90.9 mm、最大 24 h 降雨量 135.8 mm,达到大暴雨量级。暴雨中心麦坡站最大 6 h 暴雨重现期为 121 a,超过 100 a 一遇,历史排位第一;最大 24 h 暴雨重现期达 383 a,超 300 a 一遇,历史排位第一;麦坡站最大 1 d、3 d 暴雨重现期分别为 278 a、195 a,均超 100 a 一遇,历史排位第一。

(二)空间分布不均,主要集中在东海县

2019 年 8 月 10 日 6 时—12 日 6 时,全市降水 146.7 mm,而东海县降水 205.2 mm,比全市偏大 39.9%。全市东部降水最少,大部分面积在 100 mm 以下;北部与南部次之,大部分在 100 mm 左右;西部降水最大,大部分面积降水大于 200 mm。东海县是全市暴雨中心,暴雨中心降水大于 300 mm,最大点雨量麦坡站降水达 362.5 mm。

五、暴雨重现期

暴雨重现期是反映降雨出现机遇的指标,依据 2019 年连云港地区水文资料,统计全市最大 1 d、3 d、7 d、15 d 和 30 d 降雨量,采用江苏省实时雨水情分析评价系统,统计分析连云港市及各县(区)暴雨参数及最大降雨量重现期见表 2-5。

表 2-5　连云港市及各县(区)最大降雨量重现期成果表

区域	时段/d	均值/mm	C_v	C_s/C_v	降雨量/mm	历史排位	重现期/a
连云港市	1	86.5	0.36	3.5	122.5	8/68	8
	3	125.5	0.38	3.5	149.9	15/68	4
	7	165.3	0.33	3.5	165.3	35/68	2
	15	226.8	0.29	3.5	222.1	33/68	2
	30	321.7	0.3	3.5	308.4	37/68	2
海州区	1	99.6	0.42	3.5	105.6	27/68	3
	3	137.8	0.4	3.5	132.4	31/68	2
	7	175.9	0.37	3.5	138.5	50/68	1.5
	15	240.4	0.33	3.5	177	55/68	1.3
	30	334.5	0.31	3.5	236.1	55/68	1.2

表 2-5(续)

区域	时段/d	均值/mm	C_v	C_s/C_v	降雨量/mm	历史排位	重现期/a
赣榆区	1	100.9	0.43	3.5	157.2	52/68	1.3
	3	142.9	0.44	3.5	111.4	44/68	1.6
	7	183.3	0.4	3.5	134.9	58/68	1.4
	15	248.3	0.41	3.5	205.7	42/68	2
	30	346	0.36	3.5	282.4	43/68	1.6
东海县	1	92.3	0.34	3.5	173	1/68	47
	3	132.5	0.35	3.5	210.9	4/68	16
	7	171.3	0.32	3.5	214.2	12/68	5
	15	234.8	0.31	3.5	269.9	17/68	4
	30	327.2	0.34	3.5	381.8	15/68	4
灌云县	1	97.5	0.49	3.5	113.9	16/68	4
	3	133.9	0.5	3.5	128.7	27/68	2
	7	129.7	0.47	3.5	129.7	50/68	1.5
	15	234.8	0.38	3.5	217.7	36/68	2
	30	325.8	0.37	3.5	300.5	38/68	2
灌南县	1	97.4	0.49	3.5	157.2	5/68	9
	3	139.9	0.53	3.5	166.6	17/68	4
	7	184.4	0.49	3.5	168.1	33/68	2
	15	241.2	0.4	3.5	255.2	27/68	2
	30	332	0.36	3.5	365.4	25/68	3

由表 2-5 可以看出,连云港市暴雨重现期差异不大,最大 1 d、3 d、7 d、15 d 和 30 d 暴雨重现期为 2~8 a。而东海县暴雨集中,暴雨重现期差异较大,最大 1 d、3 d 暴雨重现期分别为 47 a、16 a,其中最大 1 d 暴雨量历史排位第一,而最大 7 d、15 d 和 30 d 暴雨重现期都分别仅为 5 a、4 a、4 a。其他县区暴雨重现期相近,都比较小,在 1.2~9 a 之间。

连云港市暴雨中心位于东海县麦坡乡,统计分析东海县麦坡站暴雨参数及最大降雨量重现期见表 2-6。

表 2-6　2019 年连云港市暴雨中心麦坡站最大降雨量重现期成果表

时段/d	均值/mm	C_v	C_s/C_v	降雨量/mm	历史排位	重现期/a
1 h	45.7	0.33	3.5	50.5	17/43	3
3 h	67	0.33	3.5	116.5	3/43	31
6 h	79	0.33	3.5	161	1/55	121
12 h	95.6	0.36	3.5	194.5	3/55	68
24 h	115.9	0.42	3.5	330.5	1/55	383
1 d	100.1	0.47	3.5	303.0	1/69	278
3 d	135.8	0.43	3.5	362.5	1/69	195
7 d	174.5	0.36	3.5	363.5	2/69	81
15 d	237.5	0.34	3.5	425.5	4/69	34
30 d	326.7	0.34	3.5	512.5	7/69	16

由表 2-6 可以看出,麦坡站暴雨集中,最大 6 h 暴雨重现期为 121 a,超过 100 a 一遇,历史排位第一;最大 24 h 暴雨重现期达 383 a,超 300 a 一遇,历史排位第一;最大 3 h、12 h 暴雨重现期分别为 31 a、68 a,而最大 1 h 暴雨重现期仅为 3 a。

麦坡站最大 1 d、3 d 暴雨重现期分别 278 a、195 a,历史排位第一;最大 7 d 暴雨重现期 81 a,历史排位第二;最大 15 d、30 d 暴雨重现期分别为 34 a、16 a。

第三节　工　　情

一、调度方案

（一）石梁河水库

（1）当本地未降雨时,石梁河水库按省定泄洪方案执行。

（2）当本地与上游发生同频率洪水时,为照顾本地区排涝,充分利用上下游洪峰形成的时间差,实行错峰。在水情允许情况下,要充分发挥水库调蓄功能,腾出时间给蔷薇河、磨山河、范河及市区和农田排涝,以减轻下游灾害。

（3）当预报大官庄枢纽洪峰流量小于 3 000 m³/s 时，人民胜利堰闸下泄流量不超过 1 000 m³/s，余额洪水由新沭河闸下泄。预报石梁河水库水位将超过汛限水位 23.50 m 时，水库预泄接纳上游来水，控制坝前水位不超 24.50 m，并于洪峰过后尽快降至汛限水位。

（4）当预报大官庄枢纽洪峰流量为 3 000～7 500 m³/s 时，来水尽量东调。新沭河闸下泄流量不超过 5 000 m³/s。石梁河水库提前预泄接纳上游来水，水库泄洪控制库水位不超过 25.00 m，并于洪峰过后尽快降至汛限水位。

（5）当预报大官庄枢纽洪峰流量为 7 500～8 500 m³/s 时，来水尽量东调。新沭河泄洪闸下泄流量不超过 6 000 m³/s，石梁河水库提前预泄接纳上游来水，水库泄洪控制库水位不超过 26.00 m，并于洪峰过后尽快降至汛限水位。

（6）当预报大官庄枢纽洪峰流量超过 8 500 m³/s 时，来水尽量东调。控制新沭河闸下泄流量不超过 6 500 m³/s，石梁河水库要提前预泄接纳上游来水，尽量加大下泄流量，必要时保坝泄洪，洪峰过后尽快降至汛限水位。

（7）南、北闸泄量分配：

① 当闸上水位 24.00 m 时南闸先放 2 500 m³/s，然后北闸放 2 500 m³/s。

② 当闸上水位升至 26.08 m 时，南闸泄量增加到 3 500 m³/s，北闸保持 2 500 m³/s。

③ 当闸上水位升至 26.81 m 时，南闸泄量增加到 4 000 m³/s，北闸相应增加到 3 000 m³/s。

④ 当闸上水位升至 27.95 m 时，南闸泄量增加到 5 131 m³/s，北闸相应增加到 5 000 m³/s。

（二）临洪枢纽

（1）根据气象部门预报及蔷薇河实际水情情况，提前适当预降蔷薇河水位，接纳后期暴雨洪水。

（2）蔷薇河临洪站水位达到 4.5 m 且持续上涨，石梁河水库泄洪流量 3 000 m³/s 及以下时，市防汛抗旱指挥部根据上游水情、雨情，及时预测水情变化，病险小水库、塘坝要根据实际情况降低库水位运行；关闭狮树闸，把善后河高水挡于市区之外；市区各排涝涵闸伺机开闸全力排水；大浦一站、大浦二站、临洪西站和临洪东站做好开机强排准备，并视情况适时开机强排。

（3）蔷薇河临洪站水位达到 5.0 m 且持续上涨，石梁河水库泄洪流量超过 4 000 m³/s 时，蔷薇河进入全面防守阶段，必要时开启临洪东站强排；在大浦闸不能自排时，大浦一站、大浦二站开机强排市区涝水；在乌龙河涝水不能自排时，开启临洪西站机组全力强排乌龙河流域涝水。

（4）蔷薇河临洪站水位达到 5.5 m 且持续上涨，石梁河水库泄洪流量超过 5 000 m³/s 时，市防指随时会商，必要时请省防指协调上游大官庄枢纽来水，减小进入石梁河水库流量，减缓石梁河水库上涨趋势；同时请省防指同意控制石梁河水库泄洪流量，减轻市区排涝压力；调度蔷薇河流域内安峰山、房山等大中型水库充分拦蓄洪水，控制下泄流量，保证蔷薇河市区段不破堤。

二、工程调度

为迎战沂沭河洪水，淮河流域工程管理部门及时调度刘家道口枢纽、大官庄枢纽提前预泄。刘家道口闸 11 日 8 时下泄流量 1 930 m³/s，9 时加大泄量至 2 170 m³/s；11 时下泄流量 4 700 m³/s，12 时下泄流量 5 290 m³/s，13 时下泄量 5 820 m³/s，17 时最大泄流量 5 880 m³/s。彭道口闸于 11 日 11 时 13 分开闸，下泄流量 351 m³/s，14 时加大到最大下泄流量 1 420 m³/s。大官庄枢纽新沭河闸 11 日 13 时开启，21 时出现最大下泄流量 4 020 m³/s。石梁河水库 11 日 8 时下泄流量 300 m³/s，16 时加大至 1 524 m³/s，17 时加大至 2 500 m³/s，18 时 30 分加大至最大下泄量 3 500 m³/s。三洋港挡潮闸 11 日 14 时 20 分，开高 2.0 m，21 孔；17 时 45 分开高 4.5 m，33 孔。新沭河沿线控制工程的科学调度为沂沭河洪水安全下泄和洪水尽量东调入海创造有利条件。

新沭河沿线控制工程水情调度情况见表 2-7～表 2-9。

表 2-7　大官庄枢纽新沭河闸水情调度情况表

时间	8月11日 13时	8月11日 16时30分	8月11日 18时	8月11日 23时30分	8月12日 21时	8月13日 8时	8月13日 19时30分
泄洪流量 /(m³/s)	502	2 500	3 480	4 000	4 020	800	508

表 2-8　石梁河水库水情调度情况表

时间	8 月 11 日 8 时	8 月 11 日 16 时	8 月 11 日 18 时 30 分	8 月 12 日 11 时 30 分	8 月 12 日 13 时 20 分	8 月 12 日 19 时 30 分	8 月 13 日 8 时	8 月 13 日 9 时 13 分
泄洪流量 /(m³/s)	300	1 524	3 500	2 460	1 969	1 556	896	580

表 2-9　三洋港挡潮闸水情调度情况表

时间	8 月 11 日 14 时 20 分	8 月 11 日 16 时 20 分	8 月 11 日 17 时 45 分	8 月 14 日 16 时 45 分
开高/m	2.0	3.0	4.5	0.0
孔数/孔	21	21	33	0

三、石梁河水库对洪水的影响

水库的拦蓄洪水作用表现在两个方面:一是拦蓄洪水;二是削减下游河道的洪峰流量。

石梁河水库位于新沭河中游,苏鲁两省的赣榆、东海、临沭三区县交界处,原设计集水面积 5 464 km²,沂沭河洪水东调工程实施后,增加了沂河(集水面积 10 100 km²)部分洪水经分沂入沭水道由新沭河汇入水库。该水库建于 1958 年,总库容 5.31 亿 m³,是一座具有防洪、灌溉、供水、发电、水产养殖、旅游等综合功能的大(2)型水库。

8 月 11 日 8 时—8 月 14 日 6 时 20 分,新沭河来水 39 930 万 m³,石梁河水库拦蓄了 2 719 万 m³,拦蓄率 6.8%,新沭河石梁河水库站最大流量 3 430 m³/s,如果没有石梁河水库调蓄,洪峰流量将为 3 850 m³/s,削峰率 10.9%。

2019 年石梁河水库入库和出库流量过程线如图 2-5 所示。

2019 年石梁河水库拦蓄量和削峰率见表 2-10。

表 2-10　2019 年石梁河水库拦蓄量和削峰率表

河名	水库名	起讫时间	水库蓄水变化量 /万 m³	最大入库流量 /(m³/s)	最大出库流量 /(m³/s)	削峰率 /%
新沭河	石梁河水库	8 月 11 日 8 时—8 月 14 日 6 时 20 分	2 719	3 850	3 430	10.9

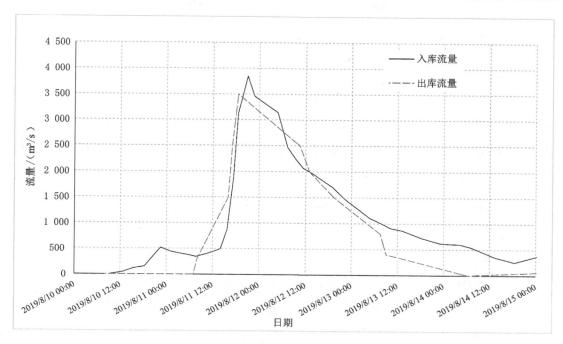

图 2-5 2019 年石梁河水库入库和出库流量过程线

第四节 洪 水

一、洪水概述

受台风"利奇马"影响,沂沭泗流域发生强降雨,降水呈现总量多、强度大、时间较集中的特点,与降水过程对应,沂沭泗流域各河道均出现了不同程度的洪水过程,洪水主要特点是洪峰流量高、洪水总量大。

沂河干流临沂站 8 月 11 日 16 时出现洪峰流量 7 300 m³/s,相应水位(最高水位)62.28 m。沭河干流重沟站 8 月 11 日 19 时出现洪峰流量 2 720 m³/s,相应水位(最高水位)57.13 m。新沂河沭阳站 8 月 12 日出现洪峰流量 5 900 m³/s,排名历史第 2 位;最高水位 11.31 m,排名历史第 1 位。新沭河大官庄闸 8 月 11 日出现洪峰流量 4 020 m³/s,相应水位 51.76 m。新沭河大兴镇 8 月 11 日 20 时 55 分出现洪峰流量 3 850 m³/s,排名历史第 2 位,相应水位 24.97 m。新沭河石梁河水库站 8 月 11 日 18 时 30 分出现洪峰流量为 3 500 m³/s,排名历史第 2 位。

二、洪水过程

（一）大官庄新沭河闸

大官庄新沭河闸自 8 月 11 日 13 时开始行洪,8 月 11 日 13 时流量 502 m^3/s(相应闸下水位 47.56 m),8 月 11 日 21 时出现 4 020 m^3/s 的洪峰流量(相应闸下水位 51.76 m);大官庄新沭河闸上最高水位 52.66 m,闸下最高水位 51.77 m,均出现在 8 月 11 日 22 时。

大官庄新沭河闸洪水过程线如图 2-6 所示。

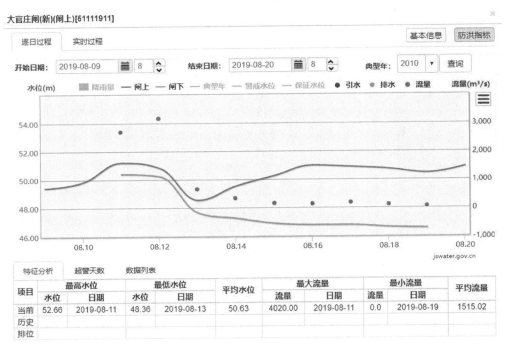

图 2-6　大官庄新沭河闸洪水过程线

（二）大兴镇

大兴镇站共出现两次明显的洪水过程。第 1 次洪水从 8 月 2 日 4 时 45 分流量 36.8 m^3/s(相应水位 22.23 m)起涨,2 日 14 时 55 分出现 715 m^3/s 的洪峰流量(相应水位 22.50 m);第 2 次从 10 日 9 时 10 分(相应水位 23.09 m)起涨,11 日 20 时 55 分出现 3 850 m^3/s 的洪峰流量(相应水位 24.97 m),列有资料以来第 2 位。

大兴镇站洪水过程线如图 2-7 所示。

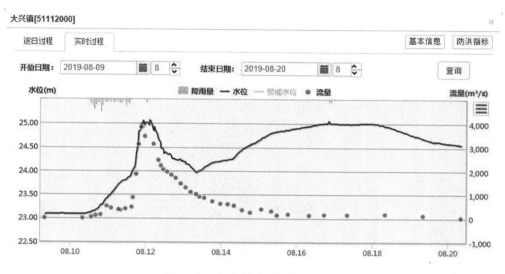

图 2-7 大兴镇站洪水过程线

（三）石梁河水库

石梁河水库站 8 月 11 日 8 时开闸泄洪,初始流量 300 m³/s,相应水位23.63 m;后期逐渐加大,8 月 11 日 16 时流量 1 520 m³/s;8 月 12 日 7 时 50 分出现洪峰流量 3 430 m³/s,相应水位 24.08 m,为本年最大洪峰;8 月 20 日 8 时,水位降至 24.49 m,流量 41.0 m³/s。

石梁河水库站洪水过程线如图 2-8 所示。

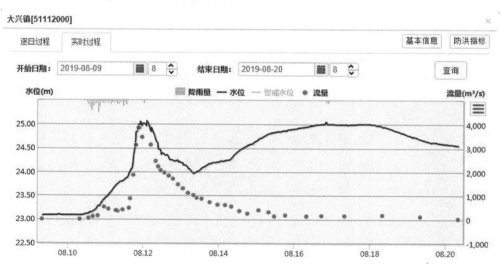

图 2-8 石梁河水库洪水过程线

（四）太平庄闸

受上游来水影响，太平庄闸出现明显洪水过程，12 日 13 时出现年最高水位 6.50 m。

太平庄闸洪水过程线如图 2-9 所示。

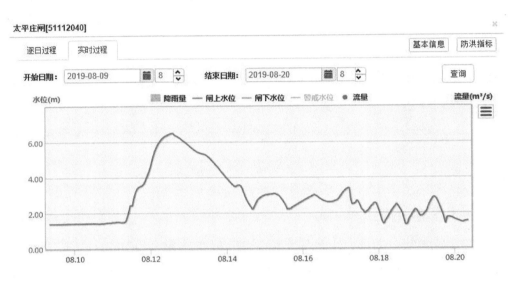

图 2-9　太平庄闸站洪水过程线

（五）三洋港闸（闸上）

受上游来水影响，三洋港闸（闸上）出现明显洪水过程，12 日 16 时 30 分出现年最高水位 3.51 m。

三洋港闸（闸上）洪水过程线如图 2-10 所示。

三、水库超汛限情况

受强降雨影响，沂沭泗区域湖（库）水位快速上涨。截至 8 月 13 日 15 时，大型水库超汛限 7 座，中型水库超汛限 25 座，大型湖泊超汛限 2 个。跋山、安峰山、石梁河、小仕阳、许家崖、太河（山东半岛）、冶源（山东半岛）7 座大型水库超汛限水位 0.51～1.86 m；淮河流域 14 座中型水库超汛限水位 0.02～0.76 m，山东半岛 11 座中型水库超汛限水位 0.02～2.99 m。骆马湖水位 23.72 m，超汛限水位 1.22 m；南四湖下级湖水位 32.67 m，超汛限水位 0.17 m。

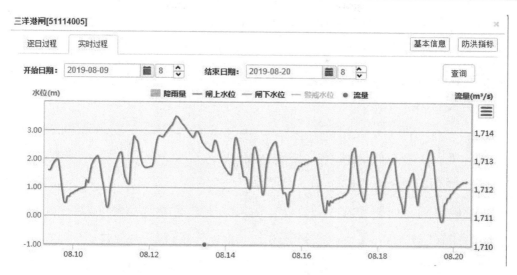

图 2-10　三洋港闸(闸上)站洪水过程线

第五节　预 报 预 警

一、预报

根据"利奇马"路径预报,江苏省水文水资源勘测局连云港分局提前研判风雨影响,先后启动新沭河流域重要控制站石梁河水库水文站、连云港沿海潮位代表站燕尾港水位站,进行实时潮位预报和台风增水预报。

（一）石梁河水库水文站

8月8日8时,根据流域内雨、水情信息,预报9日8时石梁河水库水文站水位23.00 m,9日8时石梁河水库水文站实际水位23.01 m,水位仅相差0.01 m,预报结果评定为合格。10日8时,预报11日8时石梁河水库水文站水位23.49 m,11日8时石梁河水库水文站实际水位23.63 m,水位相差0.14 m,预报结果评定为合格。11日8时,预报12日8时石梁河水库水文站水位23.49 m,其间根据石梁河入库水文站大兴镇水文站实测流量成果,11日23时及时修正预报石梁河水库12日8时水位为24.34 m,12日8时石梁河水库水文站实际水位24.09 m,水位相差0.25 m。12日8时,预报13日8时石梁河水库水文站水位 23.98 m,其间根据石梁河入库水文站大兴镇水文站实测流量成果,12 日 20 时及时修正预报石梁河水库 13 日 8 时水位为 23.96 m,13 日 8 时石梁河水库水文站实际水位 23.80 m,水位相差 0.16 m。

（二）燕尾港水位站

8 月 10 日 8 时,预报 11 日 3 时 30 分燕尾港水位站出现最高潮,水位 3.18 m,11 日 3 时 40 分燕尾港水位站出现最高潮,水位 3.45 m,时间仅差 10 min,水位仅差 0.27 m,预报结果评定为合格。8 月 11 日 8 时,预报 12 日 5 时燕尾港水位站出现最高潮,水位 2.90 m,11 日 4 时 50 分燕尾港水位站出现最高潮,水位 2.57 m,时间仅差 10 min,水位差 0.33 m,预报结果评定为合格。

水文预报紧密跟随工程调度,全程服务防汛会商,为精准调度决策提供了科学支撑。

二、预警

"利奇马"暴雨洪水期间,省防汛抗旱指挥部办公室、省水文水资源勘测局及连云港分局根据《江苏省水情预警发布管理办法（试行）》,利用全国水情预警公共服务系统发布新沭河洪水蓝色预警信号,发布蔷薇河（新沭河重要支流）洪水蓝色预警信号。

水情预警工作在有关单位做好防御准备、社会公众防范避险方面发挥了积极作用。

第三章　历 史 洪 水

　　沂沭泗流域地处南北气候过渡带,受南北气候的影响,历史上沂沭泗流域水旱灾害频繁。沂沭泗流域的洪水一般多发生在 7—8 月份。沂、沭河中上游均为山丘区,洪水陡涨陡落,往往暴雨过后几小时,主要控制站便可出现洪峰。南四湖湖东与沂、沭河相似,涨落也很快;湖西河道则洪水过程平缓。邳苍地区河道坡陡、源短,洪水也较迅猛。洪水汇集至中下游后,河道比降减小,行洪不畅,洪水过程缓慢。

第一节　沂沭泗洪水

一、沂沭河流域 1957 年暴雨洪水

　　1957 年 7 月由于西太平洋副热带高压(简称副高)位置偏北,副高西南侧偏南温湿气流与北侧的西北带偏西气流在淮河流域北部长期维持交汇,连续出现 3 次低空涡切变造成沂沭泗流域上游大范围连续降雨。

　　从 7 月 6—26 日,沂沭泗流域连续出现多次暴雨,造成流域性大洪水。最大雨量点蒋自崖达 975.2 mm,角沂、鲁山、复程点雨量分别为 874.3 mm、862.0 mm、846.4 mm,降雨量 600 mm 以上的面积达 3.5 万 km²,相应沂河、沭河连续发生数次洪峰。7 月 6—8 日暴雨中心在沂河、沭河中上游及南四湖湖西,沭河崖庄次降雨量 208.9 mm,湖西复程 188.8 mm,该次降雨基本上集中在 6 日一天。7 月 9—16 日出现一次更大范围的降雨,出现大片暴雨区,次降雨量普遍达 300 mm 以上,多处雨量超过 500 mm,角沂、蒋自崖、黄寺次降雨量分别达 561.0 mm、530.8 mm 和 514.7 mm。7 月 17—26 日在前次降雨尚未全部停止时又出

现大范围降雨过程,暴雨先在淮河水系沙颍河上游,随后向东扩展到沂沭泗地区,最大暴雨中心出现在南四湖湖东,泗水、蒋自崖、邹县次降雨量分别为 404.2 mm、329.5 mm 和 285.8 mm。

沂沭泗河当年出现中华人民共和国成立以来最大洪水,沂河、沭河连续出现 6~7 次洪峰。沂河临沂站 7 月 13、15、19 日三次洪峰流量均接近或超过 10 000 m³/s,其中 19 日最大洪峰流量达 15 400 m³/s。经分沂入沭和邳苍分洪道分洪后,沂河华沂站 20 日洪峰流量为 6 420 m³/s。沭河彭古庄(大官庄)11 日出现最大洪峰流量为 4 910 m³/s,经新沭河分泄 2 950 m³/s 后,新安站最大洪峰流量为 2 820 m³/s。南四湖汇集湖东、湖西同时来水,最大入湖流量约为 10 000 m³/s,其中泗河书院站 24 日最大洪峰流量为 4 020 m³/s,远远大于中华人民共和国成立后该站各年最大洪峰。南四湖南阳站 25 日出现最高水位为 36.48 m,微山站 8 月 3 日最高水位为 36.28 m。由于洪水来不及下泄,南四湖周围出现严重洪涝。中运河承汇南四湖下泄洪水及邳苍区间部分来水,7 月 23 日运河镇站出现最高水位 26.18 m,相应的洪峰流量 1 660 m³/s。骆马湖在没有闸坝控制,又经黄墩湖蓄洪的情况下,7 月 21 日出现最高水位为 23.15 m。新沂河沭阳站 21 日出现最大洪峰流量 3 710 m³/s。

根据水文分析计算,本年南四湖 30 d 洪量为 114 亿 m³,相当于 91 a 一遇。沂河临沂 3 d、7 d、15 d 洪量分别为 13.2 亿 m³、26.5 亿 m³ 和 44.6 亿 m³,均为中华人民共和国成立以来最大。沭河大官庄 3 d、7 d、15 d 洪量分别为 6.32 亿 m³、12.25 亿 m³ 和 18.5 亿 m³,除 3 d 洪量小于以后的 1974 年外,其他均为历年最大。骆马湖 15 d、30 d 洪量分别达 191.2 亿 m³ 和 214 亿 m³,都居中华人民共和国成立以后首位。

二、沂沭河流域 1963 年暴雨洪水

1963 年洪水,沂沭泗流域七、八两月连续阴雨且接连出现大雨、暴雨,造成沂沭泗流域大洪涝。

7 月份,江苏徐淮地区及山东沂沭河月雨量超过 400 mm,暴雨中心区分布在沂蒙山区,最大雨量点蒙阴附近前城子月雨量为 1 021.1 mm。上述地区普遍出现了 5 d 以上连续暴雨,其中 7 月 18—22 日台风低压造成的暴雨强度最大,

沂河东里店、大棉厂次降雨量分别为 437.3 mm 和 385.8 mm,其中大棉厂 19 日 1 d 降雨 272.5 mm。8 月份,南四湖周围、邳苍地区连续多次暴雨,南四湖、邳苍地区月降雨均在 300 mm 以上。

全流域七、八两个月的总雨量为历年同期最大,占汛期总雨量的 90%。由于本年暴雨时空分布不一,又因 1958 年以来山区修建了不少水库,所以发生洪水的洪量很大而洪峰流量不是最大,但对全流域造成的洪涝成灾面积是中华人民共和国成立以来最大。沂、沭河洪水主要发生在 7 月中旬至 8 月上旬,沂河临沂站 7 月 20 日出现最大洪峰流量为 9 090 m³/s(经水库还原计算后为 15 400 m³/s),7 月下旬后又连续出现 6、7 次洪峰,但流量均在 4 000 m³/s 以下。沭河大官庄 7 月 20 日洪峰流量(总)为 2 570 m³/s(经水库还原后为 4 980 m³/s)。中运河镇 8 月 5 日最大流量为 2 620 m³/s。骆马湖嶂山闸 8 月 3 日最大泄洪量 2 640 m³/s。新沂河沭阳站 7 月 21 日出现最大洪峰流量 4 150 m³/s,7 月 31 日洪峰流量为 4 080 m³/s。

根据水文分析计算,临沂站 3 d、7 d、30 d 洪水量分别达 13.1 亿 m³、20.3 亿 m³ 和 40.2 亿 m³,仅次于 1957 年;沭河大官庄 15 d、30 d 洪量分别为 11.1 亿 m³ 和 14.5 亿 m³,仅次于 1957 年、1974 年。南四湖各支流本年洪峰流量均不大,但南四湖 30 d 洪量达 50 亿 m³,仅次于 1957 年、1958 年。2019 年南四湖二级坝已经建成,南阳站 8 月 9 日最高水位 36.08 m,微山站 8 月 17 日最高水位 34.68 m,都仅次于 1957 年。邳苍地区本年 30 d 洪量为 49.0 亿 m³,比 1957 年大 20 亿 m³,比 1974 年仅少 0.1 亿 m³。骆马湖 8 月 3 日在退守宿迁控制后出现最高水位 23.87 m,汛期实测来水量为 150 亿 m³,大于 1957 年同期来水量。还原后骆马湖 30 d 洪量为 147 亿 m³,仅次于 1957 年。

三、沂沭河流域 1974 年暴雨洪水

1974 年 8 月,受 12 号台风(从福建莆田登陆)影响,沂沭河、邳苍地区出现大洪水。降雨过程从 8 月 10 日起至 14 日结束,暴雨集中在 11—13 日,沂沭河出现南北向的大片暴雨区,最大点雨量蒲旺达 435.6 mm。12 日暴雨强度最大,13 日暴雨中心区移至沂沭河上游,李家庄一天降雨为 295.3 mm,14 日降雨逐渐停止。

8 月中旬的暴雨造成沂沭泗流域大洪水,洪水主要来自沂河、沭河、邳苍地区,与 1957 年和 1963 年相比,沂河、沭河本年同时大水,且沭河洪水为中华人民共和国成立以来最大洪水。7 月份及 8 月上旬,沂沭河降雨比常年偏多,暴雨后沂河临沂 8 月 13 日早晨从 79 m³/s 起涨,14 日凌晨出现洪峰流量 10 600 m³/s,当天经彭家道口闸和江风口闸先后开闸分洪后,沂河港上站同日出现洪峰流量为 6 380 m³/s。沭河大官庄站 14 日与沂河同时出现洪峰,新沭河流量为 4 250 m³/s,老沭河胜利堰流量为 1 150 m³/s。由于沭河暴雨中心出现在中游,莒县洪峰流量小于 1957 年、1956 年,而大官庄洪峰为历年最大。老沭河新安站在上游及分沂入沭来水情况下,14 日出现洪峰流量为 3 320 m³/s。邳苍地区处于暴雨中心边缘,加上邳苍分洪道分泄沂河来水,中运河镇出现中华人民共和国成立以来最大洪峰流量 3 790 m³/s,最高水位 26.42 m。骆马湖在沂河及邳苍地区同时来水的情况下,嶂山闸 16 日最大下泄流量 5 760 m³/s,同日骆马湖退守宿迁大控制,16 日晨骆马湖杨河滩出现历年最高水位 25.47 m,新沂河沭阳站 16 日晚出现历年最高水位 10.76 m,相应的最大流量 6 900 m³/s。本年沂沭泗流域洪水历时较短,南四湖来水不大。

根据水文分析计算,沂河临沂站还原后的洪峰流量为 13 900 m³/s,3 d 洪量与 1957 年、1963 年接近,而 7 d、15 d 洪量相差较大。沭河大官庄还原后的洪峰流量为 11 100 m³/s,相当 100 a 一遇,3 d 洪量为历年最大,7 d、15 d 洪量仅次于 1957 年。邳苍地区 7 d、15 d 洪量均超过 1957 年、1963 年,为历年最大。

四、沂沭河流域 1991 年暴雨洪水

1991 年 7 月 23 日晚至 25 日上午,沂沭泗遭受自 1974 年以来最大的一次暴风雨袭击,平均降雨量为 200 mm,最大降雨点平邑县大夫宁水库达 410 mm。25 日 13 时 53 分,沂河临沂站实测洪峰流量 7 590 m³/s,是 1974 年以来区内出现的最大洪峰。

五、沂沭河流域 1993 年暴雨洪水

1993 年 8 月 4 日至 5 日,普降大到暴雨,局部降特大暴雨,20 h 内平均降雨 185.8 mm,最大降雨点临沂市盛庄镇达 540 mm。沂河临沂站 5 日 12 时实测洪峰流量 6 900 m³/s。

六、沂沭河流域 2012 年暴雨洪水

2012 年 7 月,受西风槽和西南暖湿气流共同影响,沂沭河流域出现强降雨过程。暴雨出现在 7 月 7—9 日,沂河流域面平均雨量 166.1 mm,其中临沂以上 208.3 mm,大官庄以上 156.7 mm,邳苍地区 126.7 mm,新沂河区 127.1 mm。流域 100 mm、200 mm、300 mm 以上降雨笼罩面积分别为 34 340 km²、17 340 km²、5 670 km²。暴雨中心位于沂河许家崖水库东街口站 442.5 mm。

本次暴雨造成沂河出现 1993 年以来最大洪水,沭河出现 1991 年以来最大洪水。沂河临沂站出现年最大洪峰流量 8 050 m³/s,列有资料以来第 7 位,为 1993 年以来最大;堰上站年最大洪峰流量为 4 860 m³/s,列有资料以来第 8 位。温凉河许家崖水库出现最大入库流量 3 520 m³/s,超历史最大入库流量(3 100 m³/s),最高水位 146.96 m。沭河大官庄(总)站出现年最大洪峰流量 2 860 m³/s,列有资料以来第 4 位,为 1991 年以来最大。新沭河石梁河水库最大入库流量 2 290 m³/s,列有资料以来第 3 位,最大泄量 2 440 m³/s,库内最高水位 24.52 m,超汛限水位 1.02 m。

根据水文分析计算,沂河临沂站还原后的洪峰流量为 10 820 m³/s,还原的洪峰流量、最大 3 d 洪量和最大 7 d 洪量重现期分别为 8 a、6 a 和 3 a;沭河大官庄(总)站还原的洪峰流量为 3 070 m³/s,还原的洪峰流量、最大 3 d 洪量和最大 7 d 洪量重现期均为 3 a 一遇。

第二节　新沭河洪水

一、新沭河流域 1970 年洪水

1970 年 7 月中下旬,沂沭河中下游地区连日暴雨,7 月 21—23 日连云港市降雨 115.7 mm,其中赣榆降雨 247.5 mm、东海 167.7 mm、市区 148.5 mm。7 月 22 日新沭河石梁河水库、大兴镇水文站水位,新沭河重要支流蔷薇河临洪水文站水位达到最高值,临洪水位 5.09 m,石梁河水库水位 24.70 m,大兴镇水文

站水位 25.25 m。23 日新沭河石梁河水库泄洪 2 430 m³/s,加上新沭河石梁河水库以下沭南、沭北片区来水,新沭河入海流量高达 3 500 m³/s,新沭河堤防出现险情,有部分堤防决口。

二、新沭河流域 2000 年洪水

2000 年 8 月 27—31 日,受 12 号台风外围与冷暖气流的共同影响,连云港市普降大暴雨和特大暴雨,全市 3 d 面平均降雨量 391.5 mm,灌南县长茂镇 1 d 降水量高达 812 mm。受强降雨影响,新沭河石梁河水库行洪 2 500 m³/s,加上新沭河石梁河水库以下沭南、沭北片区区间汇流共 3 500 m³/s,受洪水顶托,临洪闸、大浦闸均被迫关闭,导致全市骨干河道堤防漫堤 14 处,长度 18.4 km,河堤决口 1 处长 30 m,河堤滑坡 6 处长 800 多米,新沭河流域受灾面积为 1 536 km²,市区进水,受淹 2.4 万户,受淹企业 400 多家,受灾人口达 80 多万人,全市直接经济损失 48.18 亿元,其中新沭河流域直接经济损失 13.5 亿元。

三、新沭河流域 2003 年洪水

2003 年 6—9 月新沭河流域平均降雨量 997.6 mm,是常年同期降雨量的 1.63 倍,新沭河流域受灾面积 560 km²,漫溢鱼虾塘 3.741 万亩,损失鱼虾 1 562 t,部分水利工程被毁,连云港市因洪水造成直接经济损失 7 623 万元。

2003 年大兴镇水文站实测最大流量 1 040 m³/s,发生在 7 月 14 日;最高水位 25.11 m,出现在 8 月 27 日。石梁河水库最大出库流量 1 190 m³/s,发生在 7 月 15 日;坝上最高水位 25.05 m,出现在 8 月 27 日。

四、新沭河流域 2008 年洪水

受沂沭泗上游来水影响,2008 年新沭河流域大兴镇水文站最大流量 1 450 m³/s,出现在 8 月 22 日;最高水位 25.44 m,出现在 8 月 22 日。石梁河水库水文站溢洪闸最大下泄流量 2 120 m³/s,出现在 8 月 22 日;坝上最高水位 25.32 m,出现在 5 月 5 日。

五、新沭河流域 2012 年洪水

石梁河水库洪水由新沭河闸来水和新沭河闸至石梁河水库区间来水两部

分组成,2012 年石梁河水库共发生两次明显的洪水过程。

第 1 次洪水出现在 2012 年 7 月 6—16 日。10 日 17 时最大入库流量 2 290 m^3/s,居历史第 3 位,最大泄量 2 240 m^3/s,21 时 40 分库内最高水位 24.52 m,超汛限水位(23.5 m)1.02 m。

2012 年,至 7 月 10 日 10 时,石梁河水库坝上水位 24.27 m,石梁河水库开北溢洪闸,溢洪流量 965 m^3/s,至 11 日 18 时 05 分关闸,此次北溢洪闸溢洪 32 小时 05 分,最大溢洪流量 1 450 m^3/s,溢洪水量 12 476 万 m^3。

石梁河水库南溢洪闸于 7 月 10 日 14 时开闸溢洪,相应坝上水位 24.30 m,溢洪流量 998 m^3/s,至 10 日 20 时达最大溢洪流量 1 020 m^3/s,至 11 日 18 时 10 分关闭大部分闸孔,流量减小至 182 m^3/s,维持进出库平衡,坝上水位 23.34 m,降至汛限水位 23.50 m 以下,至 15 日 9 时 45 分关闸,此次南溢洪闸溢洪 115 小时 45 分,溢洪水量 15 879 万 m^3。

此次石梁河水库总溢洪量 28 355 万 m^3,最大总溢洪流量 2 430 m^3/s,主要溢洪时段集中在 7 月 10 日 10 时—11 日 18 时。

第 2 次洪水出现在 7 月 20—31 日,24 日 18 时入库流量 834 m^3/s,最大泄量 834 m^3/s,7 月 26 日 8 时最高水位 24.08 m,超汛限水位(23.5 m)0.58 m。

新沭河太平庄闸上约 1 000 m 处设有太平庄闸水位站,2012 年 7 月 11 日 19 时 15 分达最高水位 5.73 m。

六、新沭河流域 2018 年洪水

2018 年,受沂沭泗流域上游持续来水影响,石梁河水库水位迅速上涨,19 日 8 时,石梁河水库泄洪流量 407 m^3/s,坝上水位 24.59 m;19 日 21 时,泄洪流量加大至 723 m^3/s,水位 24.75 m;20 日 8 时,水位 24.84 m,流量 727 m^3/s;9 时最高水位 24.85 m,超汛限水位 0.35 m,低于警戒水位 0.15 m;10 时,流量 1 060 m^3/s,水位 24.85 m;20 日 11 时 15 分,流量加大至 2 570 m^3/s,水位 24.85 m;12 时 30 分,泄洪流量增加至 3 570 m^3/s(超历史),水位 24.85 m;20 日 17 时,泄洪流量 4 080 m^3/s,水位 24.77 m,(以上流量均为查线流量)。17 时 50 分,石梁河水库溢洪闸最大泄洪流量 3 890 m^3/s。

太平庄闸水位站位于新沭河下游,为太平庄闸水位控制站。受石梁河水库泄洪影响,太平庄闸(闸上)水位快速上涨,8 月 20 日 8 时,新沭河太平庄闸(闸上)水位 2.92 m;8 月 20 日 15 时,太平庄闸(闸上)水位 3.36 m;8 月 20 日 22 时,水位达警戒水位 5.50 m(警戒水位 5.50 m);21 日 6 时,闸上最高水位 6.32 m(超过警戒水位 0.82 m)。

三洋港闸水位站位于新沭河入海口处。受石梁河水库泄洪影响,8 月 20 日 21 时开始,三洋港闸(闸上)水位明显上涨,8 月 21 日 3 时 55 分,三洋港闸(闸上)最高水位达 3.21 m。

第三节 洪涝灾害

1194—1948 年的 754 a 间,有记载的较大洪涝灾害共计有 82 次。1949 年以后,虽经"导沂整沭"和"导沭经沙入海"等防洪工程措施,减轻了新沭河下游洪涝灾害的程度。但由于开辟导沭经沙就近入海通道和沂沭河洪水进一步扩大东调入海规模,使 80% 的沂沭河洪水经新沭河排泄并占用蔷薇河下游河段临洪河,蔷薇河则失去原有顺畅的下泄河道,致使相关区域排水不畅。中华人民共和国成立以来,发生洪涝的年份大约有 28 a,灾情较为严重的年份为 1957 年、1970 年、1974 年、2000 年、2005 年、2012 年、2018 年及 2019 年。

1957 年 7 月中旬,市区及赣榆县(今赣榆区)、东海县连降暴雨,据统计:赣榆县受涝面积 1.6 万 ha,其中重灾 5 300 ha,龙河 6.5 km 河堤漫溢,房屋倒塌 250 间;东海县受灾 4.2 万 ha,房屋倒塌 3 823 间;市郊农田被淹达 953 ha,房屋倒塌 69 间。

1970 年 7 月中下旬,沂沭河中下游地区连日暴雨。23 日凌晨 4 时蔷薇河水位上升,市区因暴雨积水。23 日 20 时临洪闸下游因新沭河行洪,水位高达 5.34 m,临洪闸上游蔷薇河水位 5.10 m。23 日 21 时临洪闸下临洪河右堤台北盐场段分段决口,总长 350 m。24 日下午,城区积水 1.0～1.5 m,洪灾造成 4 人死亡,直接经济损失 3 000 多万元。

1974 年 8 月 1 日凌晨 4 时至 2 日 8 时,赣榆县普降大雨 150～200 mm,西南部 4 h 降雨 300 mm,各河暴涨,140 个村进水。东海县 4.47 万 ha 农田受淹,其中 1.3 万 ha 绝收,房屋倒塌 5 万余间,损失存粮 1.9 万 t。海州区洪门乡遍地积水,133 ha 菜田受淹,房屋倒塌 1 300 余间。赣榆县 2.7 万 ha 农田积水,范河下游积水深达 1 m 以上,6 000 ha 农田绝收,房屋倒塌 4 万余间。蔷薇河各支流均出现历史最高水位,造成沭新河堤防决口,连云港市区因上游决口才保证了安全。

2000 年,暴雨面广、量大、强度大,使灌南、灌云两县及市区的部分地区一片汪洋,造成全市受淹农田 330 万亩,其中成灾 238.4 万亩,绝产 39.6 万亩,造成直接经济损失 48 亿元以上。城区积水严重,虽采取一系列强排措施,0.8～1.0 m 深积水仍持续 7 d 之久。

2005 年 7 月 31 日—8 月 5 日,连云港市普降暴雨,局部特大暴雨,全市各地的沟河湖库等均已满容或超过汛限水位,灌云、灌南、东海及市区出现了严重的洪涝灾害。此次暴雨致使在田农作物受淹,部分住宅民房进水、倒塌损坏,全市受灾人口 1 296 667 人,成灾人口 1 005 887 人,紧急转移安置人口 79 人;农作物受灾面积 109 895 ha,成灾面积 77 348 ha,绝收面积 17 906 ha;倒塌房屋 1 107 间,其中倒塌民房 739 间,损坏房屋 1 348 间,住宅进水 15 450 户,受淹企业 16 家,其中停产半停产 6 家;损失粮食 715 t,漫溢鱼塘 5 839 ha,损失鱼 2 732 t,倒断树木 3 508 棵。因灾造成直接经济损失 76 868 万元,其中农业直接经济损失 72 866 万元。

2012 年,"7·08"暴雨洪水造成连云港市全面成灾。根据政府相关部门统计,连云区、开发区、海州区、赣榆县、东海县、灌云县、灌南县、云台山风景区、徐圩新区等 9 个县(市、区)受灾。受灾人口 154.62 万人,被水围困人数 0.51 万人,紧急转移 1.12 万人;住宅受淹 5.42 万户,倒塌房屋 0.16 万间;农作物受灾面积 216.4 万亩,成灾面积 148.07 万亩,绝收面积 38.65 万亩,减产粮食 46.22 万t,经济作物损失 18 286.41 万元,林果损失 15.47 万棵,死亡大牲畜 0.002 6 万头,水产养殖损失 0.56 万 t;停产企业 30 家,公路中断 27 条次,供电中断 20 条次;损坏堤防 19 处、10.47 km,损坏护岸 191 处,损坏水闸 92 座,损坏机电井 358 眼,损坏机电泵站 130 座。因洪涝灾害造成的直接经济损失 27.495 亿元,其中农业直接经济损失 17.182 亿元,工业交通业直接经济损失 3.44 亿元,水利工程水毁直接经济损失 1.189 亿元。

第四节　历史洪水比较

一、沂沭泗流域

据历史文献统计,1280—1643 年的 364 a 间,发生较大水灾 97 次。1644—1948 年的 305 a 间,发生水灾 267 次。历史洪水以 1730 年 8 月洪水为最大,当时暴雨强度大、时间长、范围广,暴雨前期阴雨数十日,后期又发生 5~7 d 的大暴雨,遍及沂、沭、泗水系。经推算沂河临沂站洪峰流量 30 000~33 000 m^3/s,重现期 248~500 a;沭河大官庄洪峰流量 14 000~17 900 m^3/s,重现期约 248~500 a;南四湖洪水重现期约 272 a,均为历史最大。

沂河临沂站洪水居第二、第三位的分别为 1912 年的 18 900 m^3/s 和 1914 年的 17 800 m^3/s。沭河大官庄站洪水居二、三位的分别为 1974 年大官庄的 11 100 m^3/s(还原后洪峰流量)和 1881 年的 6 850~8 000 m^3/s。南四湖地区 1953 年后才有较完整的水文资料,调查的 1703 年洪水重现期为 136 a,为历史第二位。

1949 年以后,流域性大洪水年有 1957 年、1963 年、1974 年、2003 年、2012 年,其中 1957 年南四湖洪水 7 d、15 d 和 30 d 洪量分别为 66.8 亿 m^3、106.3 亿 m^3、114 亿 m^3,30 d 洪量重现期为 91 a;1957 年沂河临沂站洪峰流量 15 400 m^3/s,重现期近 20 a;1974 年沭河大官庄还原后洪峰流量 11 100 m^3/s,重现期约为 100 a。

沂沭泗水系主要站点历史洪水特征值见表 3-1。

表 3-1　沂沭泗水系主要站点历史洪水特征值

河名	控制站名	特征值				备注
		水位/m	出现日期 (年.月.日)	流量 /(m³/s)	出现日期 (年.月.日)	
沂河	临沂	65.65	1957.7.19	15 400	1957.7.19	
分沂入沭	彭道口闸(下)	60.48	1957.7	3 180	1957.7.20	1974 年水位为刘家道口(分)

表 3-1（续）

河名	控制站名	特征值				备注
		水位/m	出现日期 (年.月.日)	流量 /(m³/s)	出现日期 (年.月.日)	
沂河	堵上	35.59	1974.8.14	6 380	1974.8.14	
新沭河	新沭河(下)	56.51	1962.7	4 250	1974.8.14	1974 年水位为新沭河闸
新沭河	大兴镇	27.21	1974.8.15	3 780	1974.8.14	
新沭河	石梁河水库	26.82	1974.8.15	3 950	2018.8.20	
老沭河	人民胜利堰闸(下)	54.32	1974.8	2 140	1962.7.14	
老沭河	新安	30.94	1950.8.19	3 320	1974.8.14	
中运河	运河	26.42	1974.8.15	3 790	1974.8.15	
骆马湖	洋河滩	25.47	1974.8.16	784	1957.7.20	原洋河滩闸
新沂河	嶂山闸(下)	22.98	1974.8.16	5 760	1974.8.16	
中运河	皂河闸(下)	25.00	1975.8.17	1 240	1974.8.15	
新沂河	沭阳	11.31	2019.8.10	6 900	1974.8.16	
中运河	宿迁闸(下)	20.05	1974.8.14	1 040	1974.8.16	

二、新沭河流域

1949 年以来,新沭河主要发生了 1970 年、1974 年、2000 年、2005 年、2012 年、2018 年和 2019 年洪水,并有较完整的水文资料,其中以 1974 年洪水最大。新沭河洪水与历史洪水的比较分析主要选择 1974 年、2000 年、2005 年、2012 年、2018 年、2019 年典型洪水进行对比分析。

新沭河大兴镇站 2019 年最大流量、最大 1 d 洪量、最大 3 d 洪量小于 1974 年,大于 2000 年、2005 年、2012 年和 2018 年;2019 年最大 7 d 洪量小于 1974 年、2018 年,大于 2000 年、2005 年和 2012 年。石梁河水库站 2019 年最大流量小于 2018 年,大于 1974 年、2000 年、2005 年和 2012 年;2019 年最大 1 d 洪量小于 1974 年,大于 2000 年、2005 年、2012 年和 2018 年;2019 年最大 3 d 洪量、最大 7 d 洪量小于 1974 年和 2018 年,大于 2000 年、2005 年和 2012 年。

新沭河重要支流蔷薇河小许庄站 2019 年最大流量为历史最大,大于 1974

年、2000 年、2005 年、2012 年和 2018 年;2019 年最大 1 d 洪量小于 1974 年和 2000 年,大于 2012 年和 2018 年,与 2005 年相同;2019 年最大 3 d 洪量、最大 7 d 洪量小于 1974 年、2000 年和 2005 年,大于 2012 年和 2018 年。临洪站 2019 年最大流量、最大 1 d 洪量大于 1974 年、2000 年、2005 年、2012 年和 2018 年; 2019 年最大 3 d 洪量小于 1974 年,大于 2000 年、2005 年、2012 年和 2018 年;最大 7 d 洪量小于 1974 年和 2005 年,大于 2000 年、2012 年和 2018 年。

新沭河及其支流代表站点 2019 年洪水要素与历史比较见表 3-2。

表 3-2　新沭河及其支流代表站点 2019 年洪水要素与历史比较表

河名	站名	年份	最大流量 /(m³/s)	最大 1 d 洪量 /(亿 m³)	最大 3 d 洪量 /(亿 m³)	最大 7 d 洪量 /(亿 m³)
新沭河	大兴镇	1974	3 870	3.16	6.87	8.61
		2000	1 650	1.13	2.49	3.21
		2005	1 400	0.87	0.20	2.82
		2012	2 100	0.88	1.90	2.65
		2018	3 420	1.55	3.56	4.98
		2019	3 850	1.94	3.87	4.75
	石梁河水库	1974	3 510	2.94	7.18	9.30
		2000	2 420	1.54	2.27	2.94
		2005	1 010	0.81	1.87	2.98
		2012	2 270	1.31	2.27	2.78
		2018	3 950	1.93	4.13	5.70
蔷薇河	小许庄	1974	276	0.23	0.55	0.96
		2000	299	0.23	0.58	1.03
		2005	224	0.19	0.54	1.04
		2012	77.6	0.06	0.13	0.25
		2018	77.0	0.06	0.16	0.35
		2019	302	0.19	0.50	0.79
	临洪	1974	565	0.43	1.25	2.55
		2000	760	0.42	1.06	2.00
		2005	625	0.48	1.36	2.69
		2012	550	0.35	0.85	1.15
		2018	770	0.25	0.53	0.74
		2019	863	0.49	1.24	2.05

第四章　水 文 测 验

第一节　测 验 组 织

2019 年 8 月,受第 9 号台风"利奇马"影响,沂沭泗流域发生强降雨,沂河、沭河相继发生 2019 年第 1 次洪水,沂河干流临沂站 8 月 11 日 16 时出现洪峰流量 7 300 m³/s,相应水位 62.28 m。沭河干流重沟站 8 月 11 日 19 时出现洪峰流量 2 720 m³/s,相应水位 57.13 m。根据上游来水情况,新沭河预计行洪流量 4 000 m³/s,将发生自 1974 年以来最大洪水过程。

面对紧张的汛情,江苏省水文水资源勘测局连云港分局快速响应,成立水文应急测验领导小组,局长任组长。连夜紧急会商,研究部署工作方案。抽调技术骨干组成水文测验工作组,分管副局长任组长。工作组精心组织,周密部署,明确分工,落实责任,制订测验方案。调集车辆和测验仪器设备,迅速到达现场,租赁船只、布设测验设施,按照分局部署和测验方案落实各项工作措施。连云港水文分局防洪抗台水文测验部署会会场如图 4-1 所示。

图 4-1　连云港水文分局防洪抗台水文测验部署会会场

第二节　断面布设

一、布设原则

（1）总体控制，根据水量平衡原理，尽量做到对测验河段进行封闭式控制、精准测验。

（2）充分利用测验河段已有的国家基本水文站点。

（3）测验河段控制断面空间上均匀布置，掌握新沭河流域洪水水文特性。

（4）测验河段控制断面选择在河道顺直段，兼顾交通。

（5）其他原则参照行业标准《比降-面积法测流规范》要求进行设置。

二、断面布设

根据上述原则，新沭河水文应急测验共布设断面 7 处，其中流量测验断面 5 处。各监测断面布设的具体位置见表 4-1。

表 4-1　断面布设一览表

序号	断面名称	断面位置	测验项目			备注
			水位	流量	大断面	
1	大官庄闸（新）	上游	√	√		基本站
2	大兴镇	中上游	√	√		基本站
3	石梁河水库	中上游	√	√		基本站
4	墩尚桥	中游		√	√	巡测断面
5	太平庄闸	中下游	√			专用站
6	242 省道	下游		√	√	巡测断面
7	三洋港闸上游	下游	√			专用站

第三节　测验依据

为保证新沭河水文测验技术上的统一，主要遵行以下技术标准。

（1）《水文站网规划技术导则》（SL 34—2013）；

（2）《河流流量测验规范》（GB 50179—2015）；

（3）《降水量观测规范》（SL 21—2015）；

（4）《水位观测标准》（GB/T 50138—2010）；

（5）《水工建筑物与堰槽测流规范》（SL 537—2011）；

（6）《水文测量规范》（SL 58—2014）；

（7）《声学多普勒流量测验规范》（SL 337—2006）；

（8）《水文巡测规范》（SL 195—2015）；

（9）《比降-面积法测流规范》（SD 174—1985）；

（10）《水文调查规范》（SL 196—2015）；

（11）《水文资料整编规范》（SL 247—2012）；

（12）《水情信息编码标准》（SL 330—2011）；

（13）其他相关规范。

第四节　测　验　方　法

一、水准及其考证

水准考证是一项基础性工作,水准系统是否一致,高程精度能否满足要求,是新沭河行洪能力测验首先要解决的问题。

水文站断面水尺零点高程从测站基本水准点按《水文测量规范》（SL 58—2014）四等水准精度进行复测；新设断面设置临时水准点并从附近国家水准点或水文站基本水准点按《水文测量规范》（SL 58—2014）三等水准精度进行引测,再从临时水准点接测水尺零点高程。水尺零点高程采用 S_3 型水准仪进行接测,并对基本水准点与校核水准点进行校测考证,检查测站水准点的稳定情况。水准测量精度控制技术要求见表4-2。

表 4-2　水准测量精度控制技术要求

等级	水准测量前后视距限差/m	水准测量前后视距不等差/m	水准点引测往返测高差不符值/mm	水尺零点高程接测往返测高差不符值/mm
三等	≤75	≤2		
四等	≤100	≤3		

二、水位观测

水位观测严格按照《水位观测标准》(GB/T 50138—2010)执行。人工观测水位,测次按整点 2 h 观测一次(12 段制),在涨水过程中每 1 h 观测一次,接近峰顶及洪峰持续过程中,每 0.5～1 h 观测一次,落水过程每 1～2 h 观测一次。遥测水位每日 8 时、18 时校测两次。

三、流量测验

流量测验按照《河流流量测验规范》(GB 50179—2015)和《声学多普勒流量测验规范》(SL 337—2006)国家水利行业标准执行,采用走航式 ADCP 测流,测流时根据河道断面的最大水深、最大流速、换能器的入水深等进行配置设置,并要求船速不大于断面流速,断面流量取来(左岸到右岸)回(右岸到左岸)两测回平均值。

根据水位变化安排流量测次,尽量避开夜间测流,测次分布需能控制洪水变化过程。

四、大断面测量

按《水文普通测量规范》要求,采用 S_3 型自动安平水准仪配合全站仪进行。滩地部分控制地形变化转折点,高程采用四等水准精度控制,读记至厘米,起点距和断面定向用全站仪测定,全站仪需转站时及时打下木桩并标出方向。南、北、中泓水下断面采用过河索船测或人工涉水测量,起点距每隔 5 m 测一点,小的串沟间隔 1 m 测一点,高程以实测水深推算,两次平均,两岸水边以全站仪测距控制。

第五节　质量控制

一、水准测量

水准点、水尺零点高程和大断面测量成果必须现场完成计算和一校工序,并与前一次成果对比检查。若出现不一致状况,要查明原因。

二、水位

根据《水位观测标准》(GB/T 50138—2010),水位应记录至 0.01 m;校核水位应在水位稳定期或水位变化较小时进行,若自记水位与校核水位差值超过 0.02 m,则对自记仪器进行校正,并根据实际情况对有差错的自记数据进行订正。

三、流量

根据《声学多普勒流量测验规范》(SL 337—2006),采用走航式 ADCP 测量时,施测一个测回,取其平均值作为该次测量成果,各单次流量与平均流量误差应在 5%以内,同一工况下施测不少于两次。当流量测验精度不满足规范要求时需重新施测。

第六节　报汛要求及任务

一、报汛要求

(1)严格执行《水文情报预报规范》(GB/T 22482—2008)、《水情信息编码标准》(SL 330—2011)和省防办当年下达的水旱情报汛报旱任务。

(2)要加强管理,全面检查维护,确保设备运行正常。加强自动测报数据校核和监视,一旦发现自动测报数据异常或者设备故障,立即向分局报告,并改用人工观测数据编报。

(3)当洪水达到中、高水时,应加报洪峰水位、相应流量及各次实测流量;当出现历史前三位洪水时须及时电话向分局报告水情信息。

(4)当发生溃口、溃坝、分洪等特殊水情以及严重水污染事件时,要按照《水情信息编码标准》及时编报特殊水情,并电话通知分局。无法用报文报送的信息应以电话或其他方式报告。

二、报汛任务

新沭河行洪期间,水文监测信息按《水情信息编码标准》要求报送。监测断面每日 8:00 前由各应急监测小组向分局水情分中心报汛水位、流量、日均流量监测信息;流量监测断面随测随报,测次分布需能控制洪水变化过程;石梁河水库泄洪闸发生变化时加报水情(应包括两条报文,一条机组调整报文,一条测流结束后的实测流量报文)。

第五章　测验成果与洪水调查

第一节　资料整编

资料整编工作是水文业务的一项基础性工作。对原始的水文资料按统一规格和科学方法进行统计、储存、汇编、审核、刊印或分析等工作的总称为水文资料整编。

由于观测设备的因素会在观测时不能及时把握观测瞬间的准确数据,因此,不能将这些原始资料直接提交生产部门使用。水文原始资料提炼成为系统完整、具有一定精度的整编成果,必须按照统一规格和标准经过计算、整编、分析,才能够在水利规划、工程建设以及国家防洪抗旱工作中使用。

2019年9月2—6日,江苏省水文水资源勘测局连云港分局组织开展了2019年新沭河水文测验资料整编工作,局属站网科、3个水文监测中心共8名技术骨干参与;2019年9月7—8日,江苏省水文水资源勘测局连云港分局组织3位指定专家对新沭河整编资料独立审查;2019年9月11—12日,江苏省水文水资源勘测局组织3位指定专家对新沭河整编资料复审。

2019年新沭河水文资料经水文监测中心整编、市水文分局审查、江苏省水文水资源勘测局复审多道手续,资料可靠性好。

第二节　测验成果

本次抗御"利奇马"洪水测验期间,各测验小组尽职尽责,团结协作,奋力拼搏,圆满地完成了新沭河行洪水文测报工作,各断面获得了连续水位过程和流

量测验成果,获取宝贵的洪水水文资料。新沭河大兴镇出现年最大洪峰流量
3 850 m³/s,列有资料以来第 2 位;新沭河石梁河水库出现年最大洪峰流量
3 500 m³/s,列有资料以来第 2 位,最高水位 24.49 m,超汛限水位 0.99 m。精准
的水文信息为防汛调度决策提供可靠的支撑。新沭河洪水期沿程各站水位成
果见表 5-1～表 5-4、各站流量成果见表 5-5。

表 5-1　大兴镇水文站水位成果表

时间	水位/m	时间	水位/m	时间	水位/m
2019-8-10 08:00	23.09	2019-8-12 18:00	24.26	2019-8-18 02:00	25.00
2019-8-10 16:00	23.17	2019-8-12 20:00	24.23	2019-8-18 08:00	24.95
2019-8-10 20:00	23.28	2019-8-13 02:00	24.15	2019-8-18 14:00	24.90
2019-8-11 02:00	23.52	2019-8-13 08:00	23.97	2019-8-18 20:00	24.82
2019-8-11 08:00	23.76	2019-8-13 14:00	24.10	2019-8-19 02:00	24.75
2019-8-11 10:00	23.80	2019-8-13 20:00	24.20	2019-8-19 08:00	24.69
2019-8-11 12:00	23.84	2019-8-14 02:00	24.23	2019-8-19 14:00	24.63
2019-8-11 14:00	23.89	2019-8-14 08:00	24.29	2019-8-19 20:00	24.61
2019-8-11 16:00	24.05	2019-8-14 14:00	24.48	2019-8-20 02:00	24.58
2019-8-11 18:00	24.40	2019-8-14 20:00	24.59	2019-8-20 08:00	24.56
2019-8-11 20:00	24.85	2019-8-15 02:00	24.71		
2019-8-11 22:00	25.06	2019-8-15 08:00	24.81		
2019-8-12 00:00	25.02	2019-8-15 14:00	24.85		
2019-8-12 02:05	25.07	2019-8-15 20:00	24.89		
2019-8-12 03:00	25.03	2019-8-16 02:00	24.92		
2019-8-12 05:00	24.93	2019-8-16 08:00	24.95		
2019-8-12 06:00	24.85	2019-8-16 14:00	25.00		
2019-8-12 08:00	24.66	2019-8-16 20:00	25.06		
2019-8-12 10:00	24.48	2019-8-17 02:00	25.00		
2019-8-12 12:00	24.40	2019-8-17 08:00	25.00		
2019-8-12 14:00	24.35	2019-8-17 14:00	25.00		
2019-8-12 16:00	24.32	2019-8-17 20:00	25.01		

表 5-2　石梁河水库水文站水位成果表

时间	水位/m	时间	水位/m	时间	水位/m
2019-8-10 8:00	23.01	2019-8-13 2:00	23.90	2019-8-15 14:00	24.77
2019-8-10 14:00	23.05	2019-8-13 4:00	23.88	2019-8-15 20:00	24.81
2019-8-10 20:00	23.15	2019-8-13 6:00	23.84	2019-8-16 2:00	24.84
2019-8-10 22:00	23.24	2019-8-13 8:00	23.80	2019-8-16 8:00	24.87
2019-8-11 0:00	23.33	2019-8-13 10:00	23.83	2019-8-16 14:00	24.90
2019-8-11 2:00	23.41	2019-8-13 12:00	23.89	2019-8-16 20:00	24.92
2019-8-11 4:00	23.49	2019-8-13 14:00	23.94	2019-8-16 22:00	24.93
2019-8-11 6:00	23.56	2019-8-13 16:00	23.98	2019-8-17 0:00	24.93
2019-8-11 8:00	23.63	2019-8-13 18:00	24.02	2019-8-17 2:00	24.91
2019-8-11 10:00	23.68	2019-8-13 20:00	24.05	2019-8-17 8:00	24.90
2019-8-11 12:00	23.75	2019-8-14 0:00	24.08	2019-8-17 14:00	24.91
2019-8-11 14:00	23.81	2019-8-14 4:00	24.11	2019-8-17 16:00	24.92
2019-8-11 16:00	23.90	2019-8-14 8:00	24.18	2019-8-17 18:00	24.93
2019-8-11 18:00	23.89	2019-8-14 10:00	24.25	2019-8-17 20:00	24.93
2019-8-11 20:00	23.91	2019-8-14 12:00	24.32	2019-8-18 2:00	24.91
2019-8-11 22:00	23.95	2019-8-14 14:00	24.37	2019-8-18 8:00	24.87
2019-8-12 0:00	24.01	2019-8-14 16:00	24.41	2019-8-18 14:00	24.81
2019-8-12 2:00	24.06	2019-8-14 18:00	24.45	2019-8-18 20:00	24.74
2019-8-12 4:00	24.10	2019-8-14 20:00	24.48	2019-8-19 2:00	24.67
2019-8-12 6:00	24.10	2019-8-14 22:00	24.51	2019-8-19 8:00	24.61
2019-8-12 8:00	24.09	2019-8-15 0:00	24.55	2019-8-19 14:00	24.53
2019-8-12 10:00	23.98	2019-8-15 2:00	24.59	2019-8-19 20:00	24.53
2019-8-12 12:00	23.89	2019-8-15 4:00	24.65	2019-8-20 2:00	24.51
2019-8-12 14:00	23.87	2019-8-15 6:00	24.69	2019-8-20 8:00	24.49
2019-8-12 20:00	23.88	2019-8-15 8:00	24.74		

表 5-3   太平庄水位站水位成果表

时间	水位/m	时间	水位/m	时间	水位/m
2019-8-10 8:00	1.43	2019-8-14 8:00	3.57	2019-8-18 0:00	2.10
2019-8-10 20:00	1.46	2019-8-14 10:00	3.25	2019-8-18 1:00	1.80
2019-8-11 2:00	1.51	2019-8-14 12:00	2.79	2019-8-18 2:00	1.52
2019-8-11 8:00	1.56	2019-8-14 14:00	2.47	2019-8-18 3:00	1.39
2019-8-11 9:00	1.81	2019-8-14 16:00	2.22	2019-8-18 6:00	1.84
2019-8-11 10:00	2.12	2019-8-14 18:00	2.54	2019-8-18 8:00	2.13
2019-8-11 11:00	2.44	2019-8-14 22:00	2.94	2019-8-18 10:00	2.37
2019-8-11 13:00	2.78	2019-8-15 0:00	3.02	2019-8-18 11:00	2.48
2019-8-11 15:00	3.33	2019-8-15 2:00	3.05	2019-8-18 12:00	2.38
2019-8-11 17:00	3.50	2019-8-15 6:00	3.10	2019-8-18 14:00	2.09
2019-8-11 18:00	3.54	2019-8-15 8:00	3.02	2019-8-18 15:00	1.88
2019-8-11 20:00	3.75	2019-8-15 10:00	2.83	2019-8-18 16:00	1.54
2019-8-11 21:00	3.97	2019-8-15 14:00	2.22	2019-8-18 17:00	1.34
2019-8-11 23:00	4.42	2019-8-15 18:00	2.37	2019-8-18 18:00	1.40
2019-8-12 0:00	4.71	2019-8-15 20:00	2.47	2019-8-18 20:00	1.79
2019-8-12 2:00	5.35	2019-8-16 0:00	2.68	2019-8-18 23:00	2.18
2019-8-12 4:00	5.79	2019-8-16 4:00	2.89	2019-8-19 0:00	2.11
2019-8-12 6:00	6.07	2019-8-16 7:00	3.03	2019-8-19 2:00	1.82
2019-8-12 8:00	6.27	2019-8-16 8:00	2.98	2019-8-19 4:00	1.89
2019-8-12 10:00	6.38	2019-8-16 12:00	2.73	2019-8-19 6:00	2.11
2019-8-12 11:00	6.43	2019-8-16 16:00	2.61	2019-8-19 8:00	2.53
2019-8-12 12:00	6.47	2019-8-16 20:00	2.68	2019-8-19 10:00	2.84
2019-8-12 13:00	6.50	2019-8-16 22:00	2.77	2019-8-19 11:00	2.88
2019-8-12 14:00	6.50	2019-8-17 0:00	3.01	2019-8-19 13:00	2.66
2019-8-12 15:00	6.40	2019-8-17 2:00	3.24	2019-8-19 15:00	2.22
2019-8-12 16:00	6.36	2019-8-17 5:00	3.41	2019-8-19 16:00	1.99
2019-8-12 18:00	6.25	2019-8-17 6:00	2.81	2019-8-19 17:00	1.73
2019-8-12 20:00	6.10	2019-8-17 7:00	2.49	2019-8-19 18:00	1.41
2019-8-13 2:00	5.66	2019-8-17 8:00	2.52	2019-8-19 19:00	1.72
2019-8-13 8:00	5.35	2019-8-17 10:00	2.68	2019-8-19 20:00	1.76
2019-8-13 12:00	5.17	2019-8-17 14:00	2.13	2019-8-19 22:00	1.72
2019-8-13 16:00	4.79	2019-8-17 15:00	2.00	2019-8-20 2:00	1.56
2019-8-13 20:00	4.36	2019-8-17 16:00	2.06	2019-8-20 5:00	1.47
2019-8-14 0:00	3.94	2019-8-17 21:00	2.55	2019-8-20 8:00	1.55
2019-8-14 4:00	3.55	2019-8-17 23:00	2.34		

表 5-4　三洋港水位站(闸上)水位成果表

时间	水位/m	时间	水位/m	时间	水位/m
2019-8-10 10:00	1.42	2019-8-13 20:00	2.16	2019-8-16 20:00	0.59
2019-8-10 12:00	1.88	2019-8-14 0:00	1.65	2019-8-17 2:00	0.74
2019-8-10 14:00	2.05	2019-8-14 2:00	1.49	2019-8-17 6:00	1.33
2019-8-10 15:00	2.10	2019-8-14 3:00	1.46	2019-8-17 7:00	2.19
2019-8-10 16:00	1.94	2019-8-14 4:00	1.85	2019-8-17 9:00	2.43
2019-8-10 18:00	1.26	2019-8-14 6:00	2.77	2019-8-17 10:00	2.02
2019-8-10 20:00	0.57	2019-8-14 7:00	2.63	2019-8-17 11:00	1.57
2019-8-10 22:00	0.37	2019-8-14 8:00	2.36	2019-8-17 13:00	0.82
2019-8-10 23:00	0.92	2019-8-14 10:00	1.66	2019-8-17 15:00	0.54
2019-8-11 0:00	1.26	2019-8-14 11:00	1.39	2019-8-17 16:00	0.90
2019-8-11 2:00	1.76	2019-8-14 12:00	1.39	2019-8-17 18:00	1.73
2019-8-11 4:00	2.10	2019-8-14 14:00	1.01	2019-8-17 19:00	2.10
2019-8-11 6:00	2.23	2019-8-14 15:00	0.97	2019-8-17 20:00	2.29
2019-8-11 8:00	1.43	2019-8-14 16:00	1.70	2019-8-17 22:00	1.92
2019-8-11 10:00	1.13	2019-8-14 18:00	2.44	2019-8-18 0:00	1.02
2019-8-11 11:00	1.12	2019-8-14 19:00	2.25	2019-8-18 1:00	0.61
2019-8-11 12:00	1.98	2019-8-14 21:00	1.53	2019-8-18 3:00	1.09
2019-8-11 14:00	2.81	2019-8-14 22:00	1.10	2019-8-18 5:00	1.49
2019-8-11 15:00	2.69	2019-8-14 23:00	0.76	2019-8-18 8:00	1.95
2019-8-11 16:00	2.63	2019-8-15 0:00	0.91	2019-8-18 10:00	2.07
2019-8-11 18:00	2.05	2019-8-15 1:00	1.65	2019-8-18 12:00	1.22
2019-8-11 20:00	1.75	2019-8-15 2:00	2.04	2019-8-18 14:00	0.62
2019-8-11 22:00	1.70	2019-8-15 6:00	2.60	2019-8-18 16:00	0.14
2019-8-12 2:00	1.85	2019-8-15 7:00	2.64	2019-8-18 18:00	1.05
2019-8-12 4:00	2.59	2019-8-15 8:00	2.39	2019-8-18 22:00	1.55
2019-8-12 6:00	2.82	2019-8-15 10:00	1.57	2019-8-19 0:00	0.69
2019-8-12 7:00	2.80	2019-8-15 14:00	0.68	2019-8-19 1:00	0.43
2019-8-12 10:00	2.93	2019-8-15 15:00	0.35	2019-8-19 2:00	0.90
2019-8-12 16:00	3.48	2019-8-15 16:00	0.85	2019-8-19 6:00	1.83
2019-8-12 16:30	3.51	2019-8-15 17:00	0.88	2019-8-19 8:00	2.27
2019-8-12 17:00	3.50	2019-8-15 18:00	0.97	2019-8-19 9:00	2.37
2019-8-12 18:00	3.45	2019-8-15 22:00	1.78	2019-8-19 10:00	2.27
2019-8-12 22:00	3.14	2019-8-16 4:00	1.95	2019-8-19 12:00	1.32
2019-8-13 2:00	2.83	2019-8-16 8:00	2.09	2019-8-19 14:00	0.35
2019-8-13 3:00	2.77	2019-8-16 9:00	1.99	2019-8-19 16:00	-0.16
2019-8-13 6:00	2.98	2019-8-16 11:00	1.27	2019-8-19 20:00	0.66
2019-8-13 8:00	2.73	2019-8-16 12:00	0.84	2019-8-20 2:00	1.08
2019-8-13 12:00	2.38	2019-8-16 14:00	0.20	2019-8-20 8:00	1.26
2019-8-13 15:00	2.28	2019-8-16 15:00	0.15		
2019-8-13 17:00	2.67	2019-8-16 16:00	0.56		

表 5-5　新沭河测流断面成果表

大官庄闸（新）		大兴镇		石梁河水库	
时间	流量 /(m³/s)	时间	流量 /(m³/s)	时间	流量 /(m³/s)
2019-8-11 13:00	502	2019-8-10 8:00	0	2019-8-10 8:00	6.92
2019-8-11 14:00	524	2019-8-10 13:30	45.5	2019-8-10 15:36	14.8
2019-8-11 15:00	587	2019-8-10 16:20	117	2019-8-10 17:31	22.5
2019-8-11 16:30	2500	2019-8-10 19:25	150	2019-8-11 8:00	300
2019-8-11 17:00	2520	2019-8-10 23:10	519	2019-8-11 16:00	1524
2019-8-11 18:00	3480	2019-8-11 2:00	433	2019-8-11 17:00	2500
2019-8-11 19:00	3480	2019-8-11 6:40	370	2019-8-11 18:30	3500
2019-8-11 20:30	4000	2019-8-11 8:00	340	2019-8-12 8:00	3385
2019-8-11 21:00	4020	2019-8-11 11:05	400	2019-8-12 10:13	3484
2019-8-11 22:00	4020	2019-8-11 14:55	475	2019-8-12 11:30	2460
2019-8-11 23:00	4010	2019-8-11 15:55	873	2019-8-12 13:20	1969
2019-8-12 0:00	3990	2019-8-11 17:45	1870	2019-8-12 19:30	1556
2019-8-12 4:00	3650	2019-8-11 19:15	3130	2019-8-13 7:30	896
2019-8-12 6:00	3350	2019-8-11 20:55	3850	2019-8-13 8:00	896
2019-8-12 8:00	3090	2019-8-11 23:10	3460	2019-8-13 9:13	580
2019-8-12 10:30	2990	2019-8-12 4:55	3140	2019-8-14 6:25	56.6
2019-8-12 14:00	1990	2019-8-12 8:00	2460	2019-8-14 8:00	56.9
2019-8-13 8:00	800	2019-8-12 9:35	2230	2019-8-14 16:00	60.4
2019-8-13 19:30	508	2019-8-12 11:20	2070	2019-8-15 8:00	64.1
2019-8-14 8:00	492	2019-8-12 13:40	1970	2019-8-16 8:00	63.5
2019-8-14 13:30	317	2019-8-12 16:20	1840	2019-8-16 9:30	94.1
2019-8-14 16:30	161	2019-8-12 18:55	1710	2019-8-16 18:00	244
2019-8-14 20:00	307	2019-8-12 22:20	1470	2019-8-17 8:00	244
2019-8-14 23:30	354	2019-8-13 1:20	1300	2019-8-17 17:00	320
2019-8-15 5:30	221	2019-8-13 4:40	1110	2019-8-18 8:00	319
2019-8-15 6:30	112	2019-8-13 8:00	1020	2019-8-18 19:11	286
2019-8-15 8:00	113	2019-8-13 10:15	909	2019-8-19 8:00	281
2019-8-16 8:00	127	2019-8-13 13:10	866	2019-8-19 14:00	61.8
2019-8-17 8:00	124	2019-8-13 18:20	720	2019-8-19 16:20	81.8
2019-8-17 9:30	231	2019-8-13 23:20	618	2019-8-20 6:30	41.5
2019-8-17 22:30	160	2019-8-14 4:20	601	2019-8-20 8:00	41.8
2019-8-18 7:30	100	2019-8-14 8:00	544	2019-8-20 9:25	26
2019-8-18 8:00	99.6	2019-8-14 13:20	352		

表 5-5(续)

大官庄闸(新)		大兴镇		石梁河水库	
时间	流量/(m³/s)	时间	流量/(m³/s)	时间	流量/(m³/s)
2019-8-19 8:00	96.1	2019-8-14 18:30	251		
2019-8-19 14:00	0	2019-8-15 1:20	393		
		2019-8-15 8:00	310		
		2019-8-15 11:20	136		
		2019-8-15 18:30	182		
		2019-8-16 8:00	137		
		2019-8-16 17:30	160		
		2019-8-17 8:00	156		
		2019-8-18 8:00	179		
		2019-8-19 8:00	121		
		2019-8-20 8:00	26		

第三节　合理性分析

一、水位计算与分析

(一)水位计算

采用遥测设备采集方式的站点数据为 5 min 记录一次数值,首先对遥测数据与人工校核进行对比分析,检查遥测数据的可靠性和合理性,然后按照分析要求摘录,形成水位成果,其他人工观测水位一般采用 2 h 观测一次,成果为水尺读数加水尺零点高程。各断面水位摘录、计算均按照规范要求进行整理、校核,确保准确和精度。

(二)水位成果的合理性分析

1.水位过程线合理性分析

点绘新沭河各监测断面水位过程线如图 5-1 所示。

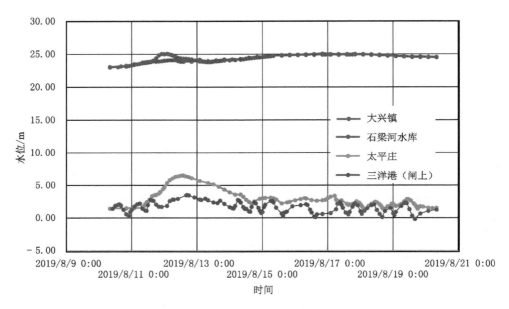

图 5-1　新沭河沿线水位过程线

从图 5-1 可以看出，新沭河沿线站点水位自上而下逐渐平缓，这种自上而下逐渐平缓坦化的变化趋势，符合水流运动规律。大兴镇、石梁河水库水位变化过程对应性非常好，对比大兴镇水位过程，石梁河水库水位过程更加平缓，反映了石梁河水库的调蓄作用；太平庄、三洋港（闸上）水位变化过程对应性较好，鉴于两站靠近入海口，小流量行洪时水位受潮流影响明显，大流量行洪时，水位不受到潮流影响，符合水流运动规律。

2．洪峰水位及其峰现时间合理性分析

统计新沭河各断面的洪峰水位及峰现时间见表 5-6。

表 5-6　洪峰水位及峰现时间对照表

序号	断面名称	断面位置	洪峰水位 /m	峰现时间	
				月-日	时:分
1	大兴镇	19.35K	25.07	8-12	2:05
2	石梁河水库	33.52K	24.93	8-16	22:00
3	太平庄	62.22K	6.50	8-12	13:00
4	三洋港	76.77K	3.51	8-12	16:30

注：以大官庄闸（新）为起点算断面位置。

从表 5-6 中可以看出,大兴镇、太平庄、三洋港洪峰水位峰现日期都是在 8 月 12 日,峰现时间也逐渐向后推迟,洪峰水位自上而下逐渐降低,峰现时间与断面间距的关系合理有序;石梁河水库的最高水位出现在 8 月 16 日,滞后于其他三个站,是由于石梁河水库的拦蓄作用造成的。

二、流量计算与分析

(一)流量计算

在 5 个流量测验断面中,大官庄闸(新)、大兴镇、石梁河水库断面的流量采用缆道流速仪法测流,墩尚桥、242 省道断面采用走航式 ADCP 测流。

缆道流速仪法测流的基本原理为面积-流速法。首先根据断面变化情况布置一定数量的测深垂线,计算测深垂线之间的部分过水面积,然后通过精简分析选定一些测深垂线同时作为测速垂线,通过流速仪测得点流速换算为垂线平均流速,用算术平均法计算测速垂线之间部分平均流速,岸边采用测速垂线的平均流速乘以岸边流速系数。将所有的部分平均流速乘以相应的部分过水面积得部分流量,各部分流量累加即为断面流量。

ADCP 测流的基本原理就是基于多普勒效应,将两岸间各测点的流速剖面和相应深度进行积分计算流量。ADCP 测流将整个断面流量分成 5 个部分,即上层流量、底层流量、计算流量、左岸流量和右岸流量。其中上层和底层流量也叫盲区流量,采用幂函数法估算;左右岸流量采用三角形方法推算。计算流量由各测点的流速剖面和相应深度进行积分求得,断面流量为 5 个部分流量累加。

鉴于墩尚桥、242 省道断面流量监测频次不足,未能取得完整的洪水流量过程,不再进行分析。

(二)流量合理性分析

新沭河大官庄闸(新)、大兴镇、石梁河水库测流断面的流量过程线如图 5-2 所示。

统计达标站点洪峰流量及峰现时间见表 5-7,进行上下游对照合理性检查分析。

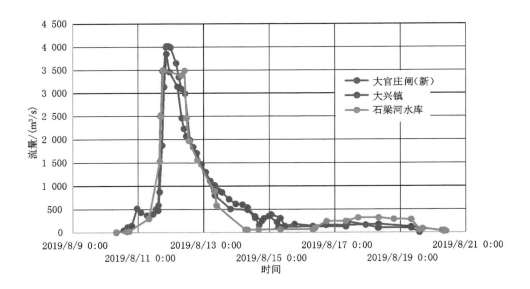

图 5-2　新沭河代表站点流量过程线

表 5-7　洪峰流量及峰现时间对照表

序号	断面名称	断面位置 （南大堤）	洪峰流量 /(m³/s)	峰现时间	
				月-日	时:分
1	大官庄闸（新）	0K	4 020	8-11	21:00
2	大兴镇	19.35K	3 850	8-11	20:55
3	石梁河水库	33.52K	3 500	8-11	18:30

　　从图 5-2 可以看出,考虑到大官庄闸（新）水文站与大兴镇水文站之间无大的支流汇入,大官庄闸（新）水文站与大兴镇水文站的整体相关性非常好,涨水期相关性好于落水期(落水期水位较高,受石梁河水库顶托影响较大);受河槽调蓄影响,大兴镇水文站的流量过程相对扁平化,洪峰流量小于大官庄闸（新）水文站洪峰流量,整体峰现时间略迟于大官庄闸（新）,符合洪水传播一般规律,流量过程合理。为了发挥石梁河水库的调蓄作用,石梁河水库提前泄洪腾空库容,石梁河水库水文站最大流量出现时间早于大兴镇水文站,最大流量小于大兴镇水文站,成果合理。

第四节 误差分析

一、水位观测误差来源及控制

遥测水位和自记水位产生的误差包括仪器运行过程中产生的系统误差和初设值的偶然误差。初设值的误差是由水尺零点高程测量误差、水尺刻画误差、直立式水尺安装不垂直和水尺的人工观读误差组成；普通水尺观测的水位误差与遥测水位和自记水位产生的初设值误差组成相同。对遥测和自记水位产生的系统误差采用每天校核控制消除。减少普通水尺观测的水位误差的方法是除在整个测验过程中的水准测量、水位观测严格按相关规范要求执行外，还要对使用的水尺进行刻画和垂直校验。

二、流量测验误差来源及控制

ADCP 走航式测流的误差来源一般有：船速测量误差；仪器安装偏角产生的误差；流速脉动引起的流速测量误差；水位、水深、水边距离测量误差；采用流速分布经验公式进行盲区流速插补产生的误差；仪器入水深度测量误差；水位涨落率大时，相对的测流历时较长所引起的流量误差；仪器鉴定误差。根据新沂河的行洪特点，对可能产生的误差，我们采取在测验开始前对多台 ADCP 进行比测；测验时换能器安装要离测船有一定的距离并保持换能器纵轴垂直；用皮尺严格测量换能器至左右岸的距离和换能器的入水深度；保持船速平稳并使船速小于流速；流量值采用往返测回的平均值；严格按规范要求进行各种设置。

缆道流速仪测流法的误差来源有：起点距定位误差；水深测量误差；流速测点定位误差；流向偏角导致的误差；流速仪轴线与流线不平行导致的误差和停表或其他计时装置的误差。对流速仪测流法可能产生的误差采用全站仪对缆道起点距进行率定同时率定升降索；多架流速仪进行比测分析；根据缆道跨度、河道流速情况按标准配置了铅鱼等。

第五节　洪水调查

一、调查内容

洪水尚未退去,按照省水文水资源勘测局的工作部署,连云港水文分局立即组织成立外业查勘组,开展新沭河沿线洪水调查。调查自8月20日起至8月22日结束,历时3日,行程近200 km,范围是自大兴镇水文站测流断面至三洋港闸控制工程。主要调查沿线汇流河道、水工建筑物、交通建筑物、电力设施、农作物和高秆作物、临时挡水设施及其他阻水设施情况。

二、调查路线及工作方法

大兴镇水文站测流断面上游调查入流交汇处,石梁河水库水文站下游沿新沭河南、北堤向下游方向至太平庄闸,太平庄闸以上调查各水工建筑物和农作物均采用定位、拍照采集调查数据,太平庄闸以下主要以计数方式统计建筑物数量。洪水调查沿线凡遇主要水工建筑物、大型桥梁、农作物均采用无人机航拍影像资料。

三、调查成果

（一）洪痕调查

为了收集、了解部分新沭河节点漏测的水位、面上受灾区域积水深度,了解河道治理对洪水的影响和作用,进一步探讨本地河流洪水的特性,评估水文情报预报工作,从而为今后的防汛抗洪、水利规划与建设和水文情报预报提供宝贵资料。洪水调查包含新沭河蒋庄漫水闸、墩尚桥节点水位调查。

经调查,新沭河蒋庄漫水闸上游8月12日5时40分左右出现最高水位12.09 m(85基准),新沭河墩尚桥下游最高水位出现在8月12日8时至9时之间,最高水位7.64 m(85基准)。新沭河洪痕及洪水情况调查表见表5-8,新沭河蒋庄漫水闸闸上洪痕指认如图5-3所示。

表 5-8 新沭河洪痕及洪水情况调查表

洪痕编号	所在村镇及地点	洪水发生（年月日时分）	洪痕高程/m	说明人姓名、年龄、住址、联系方式	洪水情况描述	可靠程度
1	蒋庄漫水闸上游	8月12日5点40分左右	12.09（85基准）	闸管所人员	最大水位漫过蒋庄漫水桥栏杆顶部	可靠
2	墩尚桥下游	8月12日8点至9点	7.64（85基准）	巡堤人员	最高水位至桥下桥墩以上40 cm；与距离南桥头下游最近一棵杨树下面第一根树枝齐平	可靠

图 5-3 新沭河蒋庄漫水闸闸上洪痕指认

（二）阻水工程情况

1. 新沭河中段

新沭河中段自石梁河水库至太平庄闸建有漫水桥 2 座,分别为:蒋庄闸漫水桥,位于北纬 34°42′58.03″,东经 118°55′30.09″;墩尚漫水桥,位于北纬 34°40′30.81″,东经 119°5′25.33″。

新沭河中段建有跨河大桥 3 座,分别为:墩尚新沭河大桥,位于北纬

34°41′36.39″,东经 119°2′19.61″;G15 沈海高速新沭河大桥,位于北纬 34°40′30.59″,东经 119°4′57.31″;204 国道新沭河大桥,位于北纬 34°40′39.19″,东经 119°5′57.59″。

行洪期间,跨河桥梁桥墩及漫水桥桥身会产生阻水,具体如图 5-4 所示。

图 5-4　新沭河中段跨河漫水桥

2. 新沭河下段

新沭河下段自太平庄闸至入海口建有跨河大桥 3 座,分别为:临连高速新沭河大桥,位于北纬 34°41′1.51″,东经 119°9′31.17″;G25 长深高速新沭河大桥,位于北纬 34°41′24.14″,东经 119°11′16.66″;242 省道新沭河大桥,位于北纬 34°45′20.39″,东经 119°12′47.14″。

行洪期间,跨河桥梁桥墩会产生阻水,如图 5-5 所示。

(三)滩地作物种植种类、分布情况

本区陆生植物种类丰富,属华北植物区系。新沭河下段即太平庄闸下区域天然植被有芦苇、盐蒿、碱蓬、黄蒿、大米草等。林木主要为杨树、刺槐、苦楝、白蜡、榆树等。农作物主要有麦、稻、棉花、玉米、油料作物、蔬菜等。

天然河道的河床糙率与河床边界的形状、床面的粗糙程度等有关,新沂河、新沭河、入海水道海口段均为滨海平原区、宽浅型天然河道,滩地表层均为软黏

图 5-5　新沭河下段跨河桥梁桥墩

土,下卧淤泥质黏土,其糙率主要受河道床面形态和组成的影响。

1. 新沭河中段

新沭河 50 年一遇整治工程未对新沭河中段滩地阻水圩埝进行清除,太平庄闸上段滩地内长有芦苇等高秆植物,部分滩地内种植有水稻、花生及玉米等农作物,在河道行洪时会产生阻水作用,对河道行洪产生影响,如图 5-6 所示。

2. 新沭河下段

新沭河太平庄闸下段滩地无耕种,滩地内有大量鱼塘和芦苇。新沭河 50 年一遇整治工程对新沭河中泓进行开挖并堆土堤内,工程实施后,在滩地管理上,让百姓每年种一季麦子,做到以耕代清,抑制芦苇生长,同时应禁止种植高秆作物,确保防洪安全。

但由于治理工程并未将下段滩地阻水圩埝全部清除,河道滩地内仍有不少

图 5-6　新沭河中游段滩地植物种植情况

芦苇、虾塘和鱼塘的塘埂阻水严重，根据分析，新沭河下段滩地鱼塘塘埂和芦苇会产生阻水影响，如图 5-7 所示。

图 5-7　新沭河下游段滩地植物种植情况

今后需对滩地上的塘埂进行清除，就近推平滩地上全部阻水塘埂，以确保行洪通道畅通，提高河道行洪能力。

（四）河道挖土取沙等其他影响因素

新沭河中、下段滩地内过去存在挖土取沙情况，导致河道泓道及滩地坑洼不平，河道及滩地内有大量圩埂，在河道行洪期间会产生阻水，如图5-8所示。

图 5-8 新沭河中、下游段滩地圩埂情况

第六章　新沭河下游段行洪能力分析

第一节　分　析　方　法

一、计算方法

（1）根据沂沭泗河洪水东调南下续建工程新沭河治理工程下段设计断面资料，以及太平庄闸上至太平庄水位站处实测断面资料，设计流量采用 6 400～6 000 m³/s，中泓糙率取原设计 0.022 5，滩地糙率取原设计 0.035，用水面曲线法推求太平庄水位站至三洋港闸段设计水位，与原设计水位对比，修改断面参数，使水面曲线推求水位与原设计水位一致，得到等效设计断面。

（2）选取本次行洪过程中太平庄水位站最高水位进行校核，修改设计流量，试算太平庄水位站水位等于设计水位，相应流量即为设计水位下新沭河治理工程现状设计流量。

（3）比较现状复核流量与设计流量，分析新沭河下段现状行洪能力。

二、计算原理

行洪能力计算采用天然河道恒定非均匀流计算公式，即伯努利方程：

$$Z_1 + \frac{(\alpha_1 + \xi_1)v_1^2}{2g} = Z_2 + \frac{(\alpha_2 + \xi_2)v_2^2}{2g} + \frac{Q^2}{\bar{K}^2}\Delta L$$

式中　Z_1、Z_2——上下游水位，m；

　　　Q——计算流量，m³/s；

　　　ΔL——上下游断面间距，m；

　　　v_1、v_2——上下游断面流速，m/s；

α₁、α₂——上下游断面动能校正系数,一般取 1～1.05;

α_1、α_2——上下游断面动能校正系数,一般取 1～1.05;

ξ_1、ξ_2——上下游断面局部阻力系数,视断面变化情况而定;

$\overline{K}$——上下游断面平均流量模数,其计算公式为

$$\overline{K} = \frac{1}{n} w R^{2/3}$$

式中　n——河床糙率;

　　　w——断面过水面积,m^2;

　　　R——过水断面水力半径,m。

第二节　河道设计指标

根据《沂沭泗河洪水东调南下续建工程新沭河治理工程(江苏段)》,新沭河按 50 年一遇防洪标准进行治理,新沭河下段太平庄闸以下采用深浅泓结合疏浚河槽、不抬高太平庄闸下水位方案,新沭河中段采用抬高水位方案。

新沭河中段(石梁河水库至太平庄闸)设计流量为 6 000 m^3/s,太平庄闸上设计水位 6.66 m;下段(太平庄闸至三洋港闸)蔷薇河口以下设计流量 6 400 m^3/s,三洋港闸上设计水位 3.54 m。中泓设计糙率 0.022 5,滩地设计糙率0.035 0。新沭河下段(太平庄闸上至三洋港闸上)设计水面线如图 6-1(见下页)所示。

第三节　洪水组成及场次选取

新沭河是沭河的重要支流,西起大官庄枢纽新沭河泄洪闸,过大兴镇入江苏省境,至江苏省境内经水库调蓄后,东经东海、赣榆 2 县(区)界上的大沙河故道汇入临洪河,至三洋港闸入黄海,全长约 80 km。其中山东境内长 20 km,江苏境内石梁河库区段长 15 km,石梁河水库泄洪闸至海口长 45 km。新沭河区间汇水面积 2 850 km^2,石梁河水库以上流域面积 5 464 km^2。主要支流有蔷薇河、范河、磨山河等。

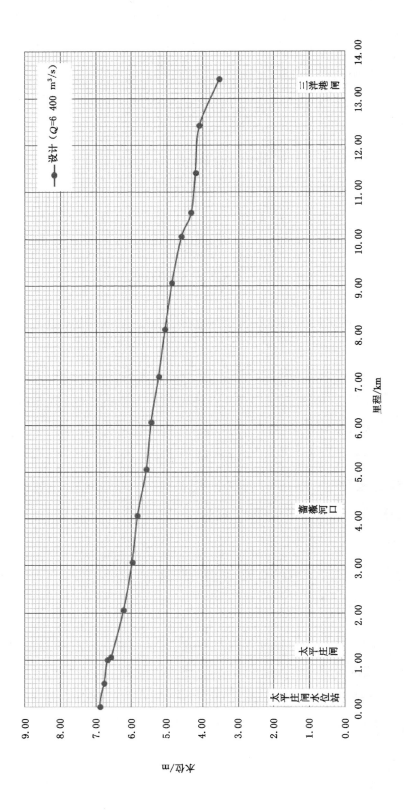

图6-1 新沭河下段（太平庄闸上至三洋港闸上）设计水面线

一、洪水组成

新沭河的洪水取决于沂河、沭河洪水以及大官庄枢纽的控制运用。因此新沭河洪水受到人为控制、调度运用的影响，而且这种影响将越来越大。

新沭河受石梁河水库拦蓄，其洪水主要分为大官庄闸（新）以下、石梁河水库以上段，以及石梁河水库以下、三洋港闸以上段。大官庄闸（新）以下、石梁河水库以上段洪水由大官庄闸（新）下泄洪量、大官庄闸（新）至石梁河水库区间入流及石梁河水库库区汇水组成；石梁河水库以下、三洋港闸以上段洪水由石梁河水库下泄流量、石梁河水库至三洋港闸区间入流（主要指蔷薇河、范河、磨山河）组成。

二、场次选取

（一）选取原则

（1）沂沭泗河洪水东调南下续建新沭河 50 a 一遇治理工程 2009 年获批复实施，选取新沭河 50 a 一遇治理工程完成以来的洪水场次。

（2）选取新沭河 2 000 m³/s 以上的洪水场次。

（二）选取结果

查阅新沭河 2009 年以来的水文资料，2012 年、2018 年、2019 年新沭河洪水满足要求。

2012 年 7 月，受西风槽和西南暖湿气流共同影响，沂沭河流域出现强降雨过程。暴雨出现在 7 月 7—9 日，沂河流域面平均雨量 166.1 mm，其中临沂以上 208.3 mm，大官庄以上 156.7 mm，邳苍地区 126.7 mm，新沂河区 127.1 mm。流域 100 mm、200 mm、300 mm 以上降雨笼罩面积分别为 34 340 km²、17 340 km²、5 670 km²。暴雨中心位于沂河许家崖水库东街口站 442.5 mm。受此影响，新沭河大官庄闸（新）于 7 月 10 日 13 时开闸向石梁河水库泄洪，7 月 10 日 10 时石梁河水库开北溢洪闸，溢洪流量 965 m³/s，至 11 日 18 时 05 分关闸。石梁河水库南溢洪闸于 7 月 10 日 14 时开闸溢洪，溢洪流量 998 m³/s，至 10 日 20 时达最大溢洪流量 1 020 m³/s，至 11 日 18 时 10 分关闭大部分闸孔，流量逐渐减小至 182 m³/s，维持进出库平衡。石梁河水库溢洪流量过程见表 6-1。

表 6-1　2012 年石梁河水库溢洪流量过程表

日期	时间	水位/m	流量/(m³/s)
7 月 10 日	10:00	24.27	16.5
	10:05	24.27	982
	14:00	24.3	985
	14:05	24.30	1 970
	16:50	24.37	1 980
	21:40	24.52	2010
7 月 11 日	8:00	24.26	1 960
	10:00	24.14	1 940
	10:05	24.14	2 440
	10:45	24.08	2 430
	11:45	23.98	2 400
	12:20	23.92	2 390
	12:55	23.86	2 370
	14:05	23.74	2 340
	16:00	23.54	2 290
	16:30	23.49	2 280
	17:00	23.42	2 260
	18:05	23.36	2 240
	18:10	23.36	910
	18:15	23.34	200
7 月 12 日	8:00	23.51	204
7 月 13 日	8:00	23.60	208

　　磨山河桥闸位于新沭河中段上游,距石梁河水库溢洪闸约 7.5 km,磨山河桥闸于 7 月 9 日 0 时开闸,泄洪流量 280 m³/s,至 9 日 12 时,泄洪流量调整为 100 m³/s,10 日 15 时泄洪流量调整为 50 m³/s,11 日 12 时关闸。由于缺少新沭河中段断面与实测流量资料,新沭河行洪估算洪水演进至太平庄闸时最大流量约 2 400 m³/s。新沭河大流量行洪期间,临洪闸、大浦闸关闸,临洪东站从 7 月 10 日 13 时 40 分至 15 时 57 分逐步开启 12 台机组强排蔷薇河涝水,12 日 8 时至 17 时逐步关机,强排流量 340 m³/s。大浦抽水站、大浦抽水二站强排流量约 60 m³/s。估算新沭河下段行洪流量约 2 800 m³/s。

　　2018 年,受沂沭泗流域上游持续来水影响,石梁河水库水位迅速上涨,8 月

19 日 8 时,石梁河水库泄洪流量 407 m³/s,坝上水位 24.59 m;19 日 21 时,泄洪流量加大至 723 m³/s,水位 24.75 m;20 日 8 时,水位 24.84 m,流量 727 m³/s;9 时最高水位 24.85 m,超汛限水位 0.35 m,低于警戒水位 0.15 m;10 时,流量 1 060 m³/s,水位 24.85 m;20 日 11 时 15 分,流量加大至 2 570 m³/s,水位 24.85 m;12 时 30 分,泄洪流量增加至 3 570 m³/s,水位 24.85 m;20 日 17 时,泄洪流量 4 080 m³/s(历史最大),水位 24.77 m。17 时 50 分,石梁河水库溢洪闸最大泄洪流量 3 890 m³/s。石梁河水库溢洪流量过程见表 6-2。

表 6-2　2018 年石梁河水库溢洪流量过程表

日期	时间	水位/m	流量/(m³/s)
8 月 19 日	08:00	24.59	407
	21:00	24.75	723
8 月 20 日	8:00	24.84	727
	09:00	24.85	—
	10:00	24.85	1 060
	11:15	24.85	2 570
	12:30	24.85	3 570
	17:00	24.77	4 080
	17:50	—	3 890

石梁河以下段新沭河大流量行洪期间,磨山河桥闸、临洪闸、东站自排闸、大浦闸均关闸,临洪东站、大浦抽水一站、大浦抽水二站均为运行,新沭河行洪估算洪水演进至新沭河下游时最大流量约 4 000 m³/s。

2019 年 8 月 10 日 8 时—12 日 8 时,受"利奇马"和西风槽共同影响,淮河流域沂沭泗河水系出现大暴雨、特大暴雨天气,平均降雨量 144.0 mm,最大点雨量东里店 405 mm。其中,临沂以上 233.1 mm,大官庄以上 191.9 mm,邳苍区 171.3 mm,新沂河 138.7 mm,南四湖 98.2 mm。降雨量超过 100 mm、200 mm 笼罩面积分别为 5.38 万 km²、1.33 万 km²,分别占沂沭泗流域面积的 67%、17%。受沂沭泗流域上游持续来水影响,石梁河水库水位迅速上涨,11 日 8 时下泄流量 300 m³/s,16 时加大至 1 524 m³/s,17 时加大至 2 500 m³/s,18 时 30 分加大至最大下泄量 3 500 m³/s。石梁河水库溢洪流量过程见表 6-3。

表 6-3　2019 年石梁河水库溢洪流量过程表

日期	时间	水位/m	流量/(m³/s)
8 月 10 日	08:00	23.01	6.92
	15:36	23.06	14.8
	17:31	23.09	22.5
8 月 11 日	8:00	23.63	300
	16:00	23.9	1 524
	17:00	23.91	2 500
	18:30	23.89	3 500
8 月 12 日	08:00	24.09	3 385
	10:13	23.99	3 484
	11:30	23.91	2 460
	13:20	23.86	1 969
	19:30	23.88	1 556
8 月 13 日	07:30	23.8	896
	08:00	23.8	896
	09:13	23.81	580
8 月 14 日	06:25	24.12	56.6
	08:00	24.18	56.9

磨山河桥闸位于新沭河中段上游,距石梁河水库溢洪闸约 7.5 km,磨山河桥闸于 10 日 14:50 时开闸,泄洪流量 20 m³/s,20:00 时,泄洪流量 50 m³/s,24:00时,泄洪流量 100 m³/s,至 11 日 06 时,泄洪流量调整为 350 m³/s,18 时,泄洪流量调整为 100 m³/s,12 日 06 时泄洪流量调整为 20 m³/s。由于缺少新沭河中段断面与实测流量资料,新沭河行洪估算洪水演进至太平庄闸时最大流量约 3 800 m³/s。新沭河大流量行洪期间,临洪闸、大浦闸关闸,临洪东站从 8 月 11 日 22 时 13 分逐步开启 12 台机组强排蔷薇河涝水,强排流量 360 m³/s;临洪西站强排流量约 90 m³/s;大浦抽水一站、大浦抽水二站强排流量约 80 m³/s。估算新沭河下段行洪流量约 4 300 m³/s。

第四节　水面线分析

一、历史水面线分析

根据水面线推算原理以及节点实测的水位、流量数据,分别求得 2012 年、2018 年和 2019 年各年最大洪水的行洪水面线,如图 6-2 所示。

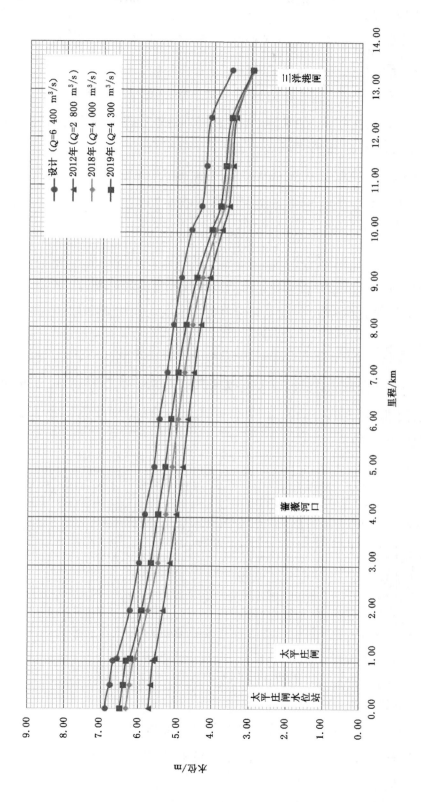

图6-2　新沭河历史行洪水面线图

2012 年、2018 年和 2019 年新沭河下游段最大流量分别为 2 800 m³/s、4 000 m³/s、4 300 m³/s,水面线位置与照流量大小相对应,比降从上游向下游逐渐减小,符合河段洪水特性。

三条水面线上游之间差值较大,向下游逐渐减小,到三洋港闸上,基本一致。2012 年、2019 年水面线与 2018 年水面线之间的差值在蔷薇河口以上较大,蔷薇河口以下逐渐趋于一致。

2018 年、2019 年蔷薇河口以上最大流量为 4 000 m³/s、3 850 m³/s,而 2018 年水面线在 2019 年水面线下面,说明蔷薇河口以上段 2019 年行洪能力小于 2018 年。

蔷薇河口以下段,2012 年、2019 年最大流量较 2018 年最大流量差值分别为 -1 200 m³/s、300 m³/s,而 2012 年、2019 年水面线较 2018 年水面线差值基本相同,说明蔷薇河口以下段 2019 年行洪能力小于 2018 年。

二、本次水面线分析

根据水面线推算原理以及设计断面、糙率等参数,推算 2019 年最大流量下的设计水面曲线,2019 年 $Q = 4\ 300\ \text{m}^3/\text{s}$ 部分断面行洪线比较表见表 6-4,其比较图如图 6-3 所示。

表 6-4　2019 年 $Q = 4\ 300\ \text{m}^3/\text{s}$ 部分断面行洪水面线比较表

里程/km	0(太平庄闸水位站)	0.5	1	1.05 (太平庄闸)	2.05	3.05	4.05 (蔷薇河口)	5.05	6.05	7.05
现状工况	6.50	6.41	6.32	6.22	5.91	5.67	5.48	5.29	5.13	4.95
设计工况	5.98	5.90	5.82	5.77	5.47	5.26	5.10	4.96	4.83	4.71
水位差值/m	0.52	0.51	0.51	0.46	0.44	0.41	0.38	0.33	0.29	0.24

由图 6-3 可知本次行洪水面线位于相应设计水面线以上,说明行洪能力未达到设计标准。

根据表 6-4,本次行洪水面线比设计水面线高 0.24~0.52 m,上游差值较大,其中太平庄闸水位站水位比设计水位高 0.52 m,太平庄闸水位比设计水位高 0.46 m,向下差值逐渐减少。

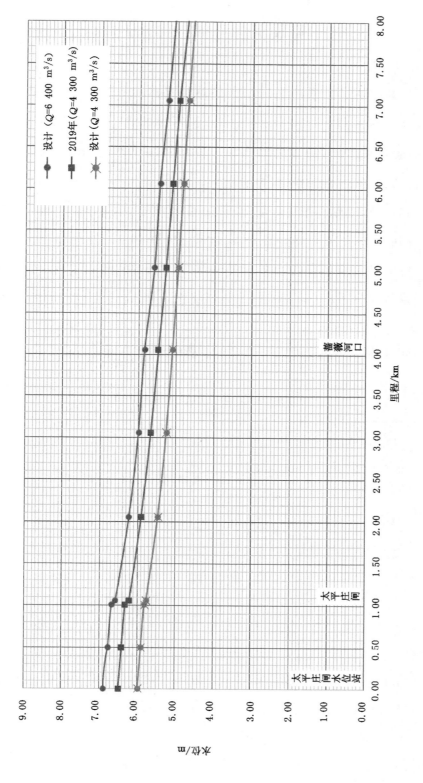

图6-3　2019年Q=4 300 m³/s部分断面行洪水面线比较

第五节　行洪能力分析

（1）本次行洪过程中太平庄闸水位站最高水位 6.27 m，修改设计流量，新沭河下段按太平庄流量加 400 m³/s 处理，试算使太平庄闸水位站水位等于 6.50 m，相应流量 5 350 m³/s，即为该水位下原新沭河治理工程设计流量。

（2）本次行洪过程中新沭河中段行洪流量 3 850 m³/s，新沭河下段行洪流量 4 300 m³/s，修改断面参数，使太平庄闸水位站水位等于本次行洪最高水位 6.27 m，得到等效现状断面。修改设计流量，新沭河下段按太平庄流量加 400 m³/s 处理，试算使太平庄闸水位站水位等于东调南下续建工程新沭河治理工程 50 a 一遇设计水位 6.66 m，相应流量为 5 060 m³/s，即为新沭河下段现状行洪能力，见表 6-5。

按照同样方法得到 2012 年、2018 年新沭河行洪能力，见表 6-5。

表 6-5　新沭河行洪能力分析成果表

年份	太平庄闸水位站最高水位/m	最大流量/（m³/s）		现状行洪能力/（m³/s）	占设计比例/%
		实测	设计		
2012	5.73	2 800	3 650	4 530	70.8
2018	6.09	4 000	5 010	5 250	82.0
2019	6.27	4 300	5 350	5 060	79.1

2012 年行洪能力为 4 530 m³/s，是原设计的 70.8%，行洪能力还未达到设计标准。

2018 年行洪能力为 5 250 m³/s，是原设计的 82.0%，行洪能力较 2012 年提高了 11.2%，但仍未达到设计标准。

2019 年行洪能力为 5 060 m³/s，是原设计的 79.1%，行洪能力比 2012 年提高了 8.3%，与 2018 年基本一致，仍未达到设计标准。

第六节　影响因素分析

一、新沭河治理工程施工进度

2012 年新沭河治理主体工程基本完工,但大浦排水通道尚未完全贯通,沭河下段滩面仍有大量鱼虾塘,未按设计清障,削弱了行洪能力,2012 年行洪能力只有 4 530 m³/s,是原设计的 70.8%,未达到设计标准。到 2018 年时,大浦排水通道已经完工,行洪能力较 2012 年提高了 11.2%。

二、三洋港闸上河道淤积

新沭河下游段治理方案为在主槽两侧开挖宽浅河槽,堆土堤内,根据河道现状、工程地质,按有利于理顺水流,有利于堆土、调土的原则确定。选取太平庄闸下 1 000 m、4 000 m 和 9 500 m 处三个现状实测断面与相应设计断面进行比较,如图 6-4～图 6-6 所示,显示新沭河太平庄闸下游淤积明显,主要集中在主槽两侧新开挖的宽浅河槽部分,减少过水断面面积,削弱了行洪能力。

三、河道内天然植被阻水

新沭河中、下游(石梁河水库以下,太平庄闸以上)堤防内侧有白杨、榆树等林木,下游(太平庄闸以下,三洋港闸以上)有芦苇、盐蒿等天然植被,行洪期阻水严重。

四、人类活动影响

2012 年以后,新沭河上修建了多座桥梁,比如 2017 年连盐铁路跨新沭河大桥,占用了部分过水断面,减小了行洪能力。2018 年新沭河蔷薇河口下段确定建省级湿地公园,2018 年汛后开始建设,通过修复植被、涵养水源、功能分区,达到改善环境、生态平衡、保护鸟类繁衍生息,从而占用了部分行洪断面,因此 2019 年行洪能力较 2018 年有所下降。

五、潮汐影响

新沭河下游三洋港闸调度受到潮汐影响,排水也受到下游潮汐顶托,影响行洪能力,特别是行洪期间遇到大潮,影响会更大。

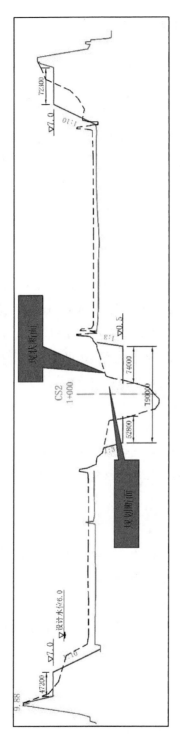

图6-4 新沭河太平庄闸下1 000 m处现状断面与规划断面对比图

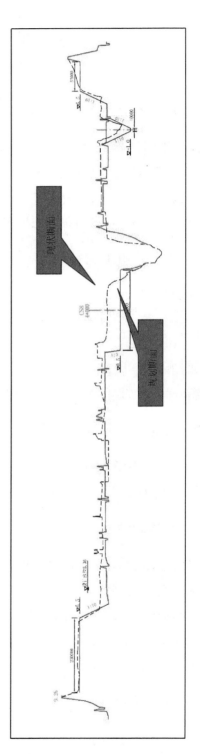

图6-5 新沭河太平庄闸下4 000 m处现状断面与规划断面对比图

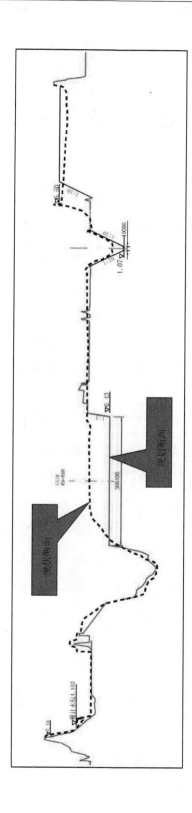

图6-6　新沭河太平庄闸下9 500 m处现状断面与规划断面对比图

第七章 结论与建议

第一节 结 论

（1）通过对新沭河 2012 年、2018 年、2019 年三次洪水资料的分析成果显示，新沭河行洪能力未达到设计标准。

（2）2012 年行洪能力为 4 530 m³/s，是原设计的 70.8%。分析其原因有：① 沭河下段滩面仍有大量鱼虾塘，未按设计清障，削弱了行洪能力；② 大浦排水通道尚未完全贯通。

（3）2018 年行洪能力为 5 250 m³/s，是原设计的 82.0%，较 2012 年提高了 11.2%。分析其原因有：① 到 2018 年，大浦排水通道已经完工；② 新沭河治理过后，2012 年洪水（治理后第一场洪水）对河道起到了一定的清障作用，增加了河道行洪能力；③ 2013—2017 年，石梁河水库连续 5 a 没有泄洪，新沭河太平庄闸下游淤积明显，主要集中在主槽两侧新开挖的宽浅河槽部分，减少过水断面面积，削弱了行洪能力。

（4）2019 年行洪能力为 5 060 m³/s，是原设计的 79.1%，较 2012 年提高了 8.3%，与 2018 年基本一致。说明 2009 年治理过后新沭河经过 2012 年、2018 年、2019 年三次洪水后，行洪能力趋于稳定。

第二节 建 议

（1）展开不同水年新沭河工程联合调度方案研究

工程调度放水冲沙是新沭河最为经济合理的防淤减淤措施，应开展枯水年、平水年、丰水年新沭河沿线控制工程联合调度方案研究,保障新沭河行洪能力。

（2）开展泥沙测验与研究工作

新沭河是一条季节性行洪河道,河道内滩地非行洪期间正常耕作。受人为活动和行洪的共同影响,河道泥沙淤积的情况较为明显,曾出现"中流量、高水位、大防汛"的严峻局面。建议开展新沭河泥沙测验与分析研究,为枯水年、平水年、丰水年新沭河沿线控制工程联合调度方案研究提供支撑。

（3）加大行洪断面清障工作力度

新沭河中、下游（石梁河水库以下,太平庄闸以上）堤防内侧有白杨、榆树等林木,下游（太平庄闸以下,三洋港闸以上）有芦苇、盐蒿等天然植被,行洪期阻水严重。建议加大新沭河行洪断面的清障工作力度,保障新沭河行洪能力。

（4）三洋港闸上、下游清淤纳入常态工作

通过选取太平庄闸闸下 1 000 m、4 000 m 和 9 500 m 处三个现状实测断面与相应设计断面进行比较,显示新沭河下游段（太平庄闸以下,三洋港闸以上）淤积严重;同时受潮汐及上游来水较少的共同影响,三洋港闸闸下淤积,闸下过水断面未达新沭河 50 a 一遇治理工程设计标准。新沭河下游段（太平庄闸以下）行洪面积的减少,削弱了新沭河行洪能力。建议将三洋港闸上、下游清淤工作纳入常态,保障新沭河行洪能力。

（5）充分发挥石梁河调蓄作用

科学调度,提前预泄,将新沭河行洪与城市排涝错峰安排。

第八章　其他专题分析

第一节　新沭河(上游段)水量平衡分析

新沭河(上游段)沿线有大官庄、大兴镇、石梁河水库三个国家重要水文站，区间无水利工程控制，无重要支流汇入，可做水量平衡分析。

一、洪量计算

（一）大官庄闸（新）

受沭河来水影响，大官庄闸（新）自 8 月 11 日 13 时开始泄洪，流量 502 m^3/s，8 月 11 日 21 时出现 4 020 m^3/s 的洪峰流量；8 月 19 日 14 时停止泄洪。

大官庄闸（新）流量过程线如图 8-1 所示。

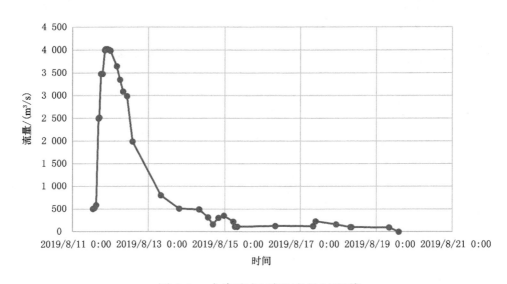

图 8-1　大官庄闸（新）流量过程线

经计算,大官庄闸(新)8月11日13时—8月19日14时,泄洪总量5.15亿 m³。

(二)大兴镇水文站

受大官庄闸(新)来水及区间降雨影响,大兴镇水文站从10日9时10分(相应水位23.09 m)起涨,11日20时55分出现3 850 m³/s的洪峰流量,8月20日8时结束行洪。

大兴镇水文站流量过程线如图8-2所示。

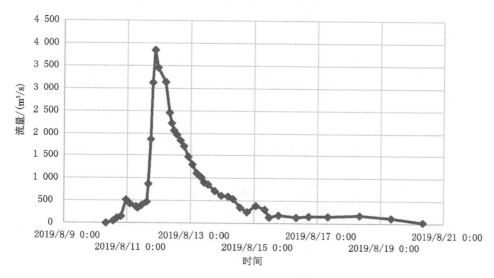

图8-2 大兴镇水文站流量过程线

经计算,大兴镇水文站8月10日至8月20日,行洪总量5.073亿 m³。考虑行洪过程中大兴镇水文站8月10日起涨水位为23.09 m,8月20日落止水位为24.56 m,河道槽蓄量发生了变化。由于缺少大兴镇水文站以上、大官庄闸(新)以下断面资料,采用大兴镇水文站以上、大官庄闸(新)以下平均水面宽估算大兴镇水文站断面以上、大官庄闸(新)断面以下河道槽蓄量为0.117亿 m³,即大兴镇水文站断面洪量为5.19亿 m³(行洪总量加上槽蓄量)。

(三)石梁河水库

受上游来水及区间降雨影响,石梁河水库水位快速上涨,8月11日8时开闸泄洪,初始流量300 m³/s,相应水位23.63 m;后期逐渐加大,8月11日16时流量1 520 m³/s;8月12日7时50分出现洪峰流量3 430 m³/s,相应洪峰水位

24.08 m,为本年最大洪峰;8 月 20 日 8 时,水位降至 23.49 m,流量 41.0 m³/s,石梁河水库出库流量过程线如图 8-3 所示。

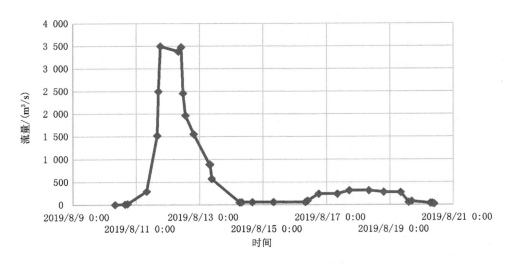

图 8-3 石梁河水库出库流量过程线

根据石梁河水库出库流量过程线,结合水库蓄水量变化,反推石梁河水库入库流量过程线如图 8-4 所示。

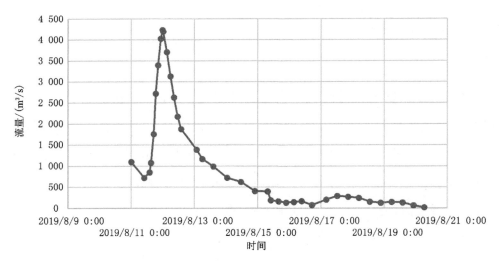

图 8-4 石梁河水库入库流量过程线

经计算,石梁河水库 8 月 10 日至 8 月 20 日,入库总量 6.03 亿 m³。

二、洪水组成

（一）大兴镇水文站

大兴镇水文站来水由上游大官庄闸（新）泄洪及大兴镇水文站以上、大官庄闸（新）以下区间来水组成。

经分析计算，大兴镇水文站洪量为 5.19 亿 m³，在大兴镇水文站洪水组成中，上游大官庄闸（新）来水量比重最大，占大兴镇洪量的 99％ 以上。大兴镇水文站洪水组成情况见表 8-1。

表 8-1　2019 年大兴镇水文站洪水组成情况表

洪水起讫时间 （月.日—月.日）	大兴镇洪量 /（亿 m³）	上游及区间			
		大官庄闸（新）		区间	
		洪量 /（亿 m³）	占总量 /％	洪量 /（亿 m³）	占总量 /％
8.10—8.20	5.19	5.15	99.2	0.04	0.8

大官庄闸（新）以下、大兴镇水文站以上区间面积 579 km²，考虑到 8 月 9 日至 11 日，大官庄闸（新）以下、大兴镇水文站以上区间面降雨量在 130 mm 左右，净雨量估算在 60 mm（前期干旱，初损较大），区间洪量为 0.35 亿 m³（占大兴镇水文站洪量的 6.7％）。而表 8-1 计算的洪量仅为 0.04 亿 m³（占大兴镇水文站洪量的 0.8％），明显偏小。分析其原因，主要是由测验误差造成的。

（二）石梁河水库水文站

石梁河水库洪水由大官庄闸（新）泄洪和大官庄闸（新）至石梁河水库区间及库区其余流域所产生的洪水组成，即大兴镇水文站洪水及库区其他入库洪水组成。

经分析计算，石梁河水库入库洪量为 6.03 亿 m³，石梁河水库的洪水组成中大兴镇水文站的来水量占入库总水量的 84.1％，其他入库水量占 15.9％。石梁河水库水文站洪水组成情况表见表 8-2。

表 8-2　2019 年石梁河水库水文站洪水组成表

| 洪水起讫时间 | 入库洪量 | 大兴镇 | | 区间 | |
(月.日—月.日)	/(亿 m³)	洪量/(亿 m³)	占总量/%	洪量/(亿 m³)	占总量/%
8.9—8.20	6.03	5.07	84.1	0.96	15.9

三、洪水重现期

选取 2019 年大兴镇水文站、石梁河水库水文站水文资料,统计最大 1 d、最大 3 d 和最大 7 d 洪量,分析新沭河洪水重现期。

(一)洪量分析

选取 2019 年新沭河代表站点大兴镇水文站、石梁河水库水文站水文资料,进行新沭河洪峰流量、最大 1 d、最大 3 d 和最大 7 d 洪量分析。

1. 大兴镇水文站

根据大兴镇水文站计算成果分析,大兴镇水文站洪峰流量为 3 850 m³/s,最大 1 d、最大 3 d 和最大 7 d 洪量分别为 1.944 亿 m³、3.865 亿 m³ 和 4.748 亿 m³。

2. 石梁河水库水文站

根据计算成果分析,石梁河水库水文站还原后最大入库流量 4 240 m³/s,最大 1 d、最大 3 d 和最大 7 d 洪量分别为 2.223 亿 m³、3.948 亿 m³ 和 4.748 亿 m³。

(二)洪水重现期

根据 2019 年新沭河代表站点大兴镇水文站、石梁河水库水文站洪峰流量以及最大 1 d、最大 3 d 和最大 7 d 洪量,分析其洪水重现期。

(1)大兴镇水文站洪峰流量以及最大 1 d、最大 3 d 和最大 7 d 洪量的重现期分别为 82 a、16 a、12 a、12 a。

(2)石梁河水库水文站最大 1 d、最大 3 d 和最大 7 d 洪量的重现期分别为 21 a、17 a、12 a。

2019 年新沭河代表站点洪水重现期分析成果表见表 8-3。

表 8-3 2019 年新沭河代表站点洪水重现期分析成果表

河名	站名	洪水要素	均值	C_v	C_s/C_v	洪峰流量 /(m³/s)	洪量 /(亿 m³)	重现期 /a
新沭河	大兴镇	洪峰流量	1 150	0.77	1.26	3 850	—	82
		最大 1 d 洪量	0.7	0.99	1.87	—	1.94	16
		最大 3 d 洪量	1.45	1.1	1.84	—	3.87	12
		最大 7 d 洪量	1.93	0.97	1.85	—	4.75	12
	石梁河水库	洪峰流量	—	—	—	3680	—	
		最大 1 d 洪量	0.62	1.24	1.81	—	2.22	21
		最大 3 d 洪量	1.18	1.3	1.92	—	3.95	17
		最大 7 d 洪量	1.65	1.18	2.03	—	4.51	12

第二节 新沭河行洪对市区排涝的影响分析

一、区域概况

连云港市地处淮河流域沂沭泗水系最下游、鲁中南丘陵与淮北平原的结合部,地形以残丘陇岗和平原洼地为主,地势由西北向东南倾斜,依次为低山丘陵、残丘陇岗、山前倾斜平原、洪积冲积平原、沿海滩涂。紧邻海滨的云台山,系沂蒙山余脉,主峰玉女峰海拔 624.3 m,为江苏省最高峰。西部山丘岗岭地区高程 60.00～120.00 m,东部平原洼地高程仅 2.00～3.00 m。土质西部为沙壤土和黏土,东部则为海相淤质软黏土。

沂、沭、泗诸水主要通过市境新沂河、新沭河入海,是著名的"洪水走廊",需承受上游 7.8 万 km² 集水面积的来水,汛期过境客水行洪量大,给市区防洪带来压力。分布在城市周边地区直接影响城市防洪安全的主要水库、河流,西有石梁河、安峰山等大型水库,北有新沭河等流域性行洪河道,南有新沂河流域性行洪河道和善后河区域性排洪河道,中有蔷薇河等区域性排洪河道,东有黄海的潮汐顶托影响和海洋风暴潮的威胁,形成上有大型水库居高临下,下有风暴潮袭击,左右则有大型流域性行洪河道,内有云台山、锦屏山山洪下泄相威胁的局面。城市处在洪潮的四面包围之中,由此而造成的城市防洪排涝任务十分艰巨,所面临的防台御潮形势相当严峻。

连云港上游水系有河道坡降大,源短流急,洪水来得快,峰高量大且集中,预报期短等特点。市区地势低洼,沿海地面高程一般在 3.00 m 左右,一遇暴雨,上游洪水基本上 10 多个小时就到达境内。历史上群众一度谈洪色变,曾有"来时一袋烟,去时一顿饭,逃也来不及,一淹一大片"的说法。城市受上游行洪、区域山洪、城市内涝、外海风暴潮综合影响,历史上洪涝灾害频繁。

二、河流水系

蔷薇河:是沭南片区内重要的区域性河道,具有防洪、排涝、航运、供水和灌溉等功能。作为流经连云港市市区最重要的一条河流,是连云港市城市防洪的重要屏障,直接威胁着市区安全。其发源于马陵山系的踢球山和宋山西麓,流域面积 1 349.6 km²。在连云港市境内其主要支流有民主河、马河、淮沭新河、鲁兰河和乌龙河等。2012 年富安调度闸工程建成后,蔷薇河的主要支流鲁兰河水系洪水拥有独立排洪通道,即从临洪闸直接排入新沭河,在临洪闸以上鲁兰河与蔷薇河形成两个独立的排水分区;乌龙河流域洪涝水通过临洪西站自排闸自排或由临洪西站强排入临洪河。富安调度闸建成后,蔷薇河流域面积调整为 1 143.85 km²。

大浦河:大浦河是连云港市城区防洪排涝的主要河道,河道贯穿海州区和新浦区。大浦河平均河底宽约 30 m,河口宽约 70 m,河底高程 −1.30 m,边坡 1∶4,其中民主桥—大浦闸段慢慢变宽,底宽 25～40 m,而民主桥—新浦闸段属卡脖子工程,河道底宽不足 10 m,河口宽仅 16 m。

排淡河:排淡河为连云区入海排水河道,是排淡河排水片的主要排水通道。上游为东盐河和玉带河,属于市区景观性河道。从玉带河闸到大板跳闸全长 22 km,集水面积 77.7 km²,其中山区 37.17 km²,平原 40.52 km²。

烧香河:烧香河西起盐河,向东流经南城、板桥、南云台两镇一乡,由烧香河新闸入海,全长 30.7 km。主要支流有云善河、妇联河。总汇流面积 450 km²,其中山区 49.5 km²,分布在云台山以南,汇水后经妇联河入烧香河;平原 400.5 km²,汇集盐河以东、善后河以北来水。

三、历史洪水

1194—1948 年的 754 a 间,有记载的较大洪涝灾害计有 82 次,之后,虽经"导沂整沭"和"导沭经沙入海"等防洪工程措施,减轻了新沭河下游洪涝灾害的程度。但由于开辟导沭经沙就近入海通道和沂沭河洪水进一步扩大东调入海规模,使 80% 的沂沭河洪水经新沭河排泄并占用蔷薇河下游河段临洪河,蔷薇河则失去原有顺畅的下泄河道,致使连云港市及所辖县、区的洪涝矛盾不但未因此而有所减轻,反而更趋严重。由于风暴潮袭击和受潮汐影响,1956 年 8 月 1—2 日、1970 年 7 月下旬、1974 年 8 月 11—13 日、2000 年 8 月 30 日的连日降雨都给连云港市带来巨大的损失。

1956 年 8 月 1—2 日,强台风袭击连云港市,最大风力 12 级,并伴有 120 mm 暴风雨,连云港市海河堤防遭严重破坏,蔷薇河决口 5 m,工厂被迫停产。全市死亡 3 人,伤 14 人,倒塌房屋 953 间,损坏房屋 4 660 间。2.4 万亩农田受灾,颗粒无收的约占 6.2%,减产 5~9 成的约占 44.52%,减产 5 成以下的约占 51.45%。

1970 年 7 月 21—23 日,三县及市区总雨量 184~277.3 mm。23 日石梁河水库泄洪 2 430 m³/s,加上新沭河以下沭南、沭北来水,新沭河流量达 3 500 m³/s。因受新沭河洪水顶托和高潮位的影响,临洪闸下水位高于闸上,使蔷薇河的临洪闸上水位迅速上涨到 5.34 m,虽经组织动员 2.1 万人上堤抢险,但终未能阻止洪灾发生,造成其右堤 4 200 m 堤段漫溢并随之决口 14 处,决口宽度合计 350 m,使海州地区和台北盐场被淹,水深达 1.0~1.5 m,造成直接损失 3 000 多万元和死亡 4 人的惨重洪灾。

1974 年 8 月 11—13 日,蔷薇河流域平均降雨 291 mm,产生中华人民共和国成立以来最大洪水,为了保证连云港市市区的安全,防止蔷薇河堤防溃决,蔷薇河干支河沿线排涝泵站禁止排水,造成 60 万亩农田严重积水,持续时间近 1 个星期,最深积水达 1.5 m,直接经济损失 3.75 亿元。石梁河水库溢洪(行洪 3 510 m³/s)抢占蔷薇河的排水通道,许多堤段也出现了险情,临洪站最高水位达到 5.93 m。鲁兰河高水无节制地进入蔷薇河,加剧了蔷薇河流域的洪涝灾害。东海县虽动员约 20 万人抢修加固堤防,仍未能阻止沭新河、马河漫决,70 万亩农田受淹,其中 15 万亩绝收,倒房 4 万余间,损失存粮 2 000 万 kg;海州区洪门乡遍地积水,2 000 亩菜田受淹,倒房 1 300 余间。

2000 年 8 月 28 日 3 时—31 日 14 时,东海县普降暴雨,蔷薇河流域平均降雨量达 450 mm。降雨分 2 个过程,前一过程为 28 日 3 时—29 日 8 时,历时 29 h,平均降雨 191 mm,为自北向南的冷空气影响;后一过程为 30 日 4 时—31 日 14 时,历时 34 h,平均降雨量 254 mm,为受 12 号台风影响。由于降雨集中,洪水峰量大,且遇到天文大潮和石梁河水库泄洪高水的双重顶托,蔷薇河堤防全线告急。为防止堤防溃决,干支河沿线排涝泵站禁止排水,造成 60 万亩农田严重积水,持续时间近 1 个星期,最深积水达 1.5 m,淹没田块 10 万亩,绝收 5 万亩;水产养殖受灾面积 3.3 万亩,绝收 1.6 万亩;粮仓进水 108 个,损失粮食 22 800 t,住宅进水 31 883 户,损坏房屋 8 660 间,倒塌房屋 1 436 间,直接经济损失 3.75 亿元,其中农业直接经济损失 2.24 亿元。

洪、涝、潮灾害除了给连云港市带来巨大的经济损失,也给经济建设和恢复生产带来一定的困难,防洪、排涝问题十分紧迫。

四、市区防洪排涝

(一)总体格局

根据连云港市水系、地形特点及现有防洪排涝工程体系情况,确定连云港城市总体防洪排涝格局:城市外围防洪依托新沭河、蔷薇河、善后河堤防和海堤构筑防洪屏障,拒流域性、区域性洪水和海潮于城外;城市内部山洪治理依靠小水库滞蓄和截洪沟导泄,避免山洪直接进逼城区;城区内部排涝采用分片治理,蓄排兼筹,自排与抽排结合。

(1)依托流域和区域性行洪河道堤防及海堤,构筑城市防洪的外围屏障

加固完善新沭河、蔷薇河、善后河河堤和沿海海堤工程,使其在流域规划、区域规划的基础上,城市防洪总体达到 100 a 一遇标准,抵挡因外洪而造成的灾难性灾害。

(2)内部山洪治理

城市内部主要有云台山和锦屏山区的洪水威胁。进一步除险加固山区的病险小水库,利用小水库滞蓄山洪;开挖花果山等截洪沟(按照 20 a 一遇标准)

导泄,实行高水高排,防止山洪直接进逼城市,减轻城市防洪压力。

（3）城市内部排涝

城市内部排涝采取分片治理的措施,根据连云港城市发展及布局特点和水系的实际情况,将市区分为 8 个排涝分片:大浦河排水片、排淡河排水片、临港产业区及连云新城区排水片、烧香河排水片、徐圩新区排水片、沿海港区片、锦屏山以南片和蔷薇河以西片。对各个排水分片进行分片治理,根据片区排水情况采取拓浚河道,增加调蓄水面,疏通排水通道,增设控制建筑物和抽排泵站等工程措施,提高排涝能力。

连云港市城市排涝分片示意图如图 8-5 所示。

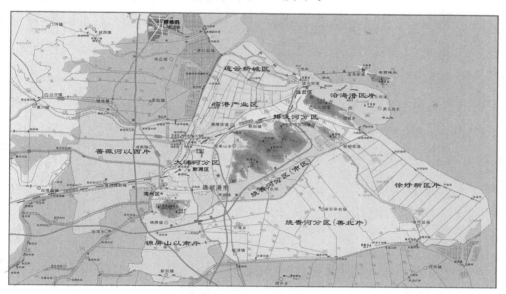

图 8-5　连云港市城市排涝分片示意图

（二）防洪排涝工程

临洪水利枢纽位于连云港市主城区北郊,由 10 余座水闸(临洪闸、乌龙河调度闸、乌龙河自排闸、东站自排闸、三洋港挡潮闸及排水闸、富安调度闸、大浦闸、大浦副闸等),4 座大中型泵站(临洪东站、临洪西站、大浦一站、大浦二站)及部分新沭河堤防组成,是连云港市最大的水利枢纽工程。所辖工程处于新沭河、蔷薇河、大浦河、乌龙河最下游,担负着新沭河流域及市区城市供水、挡潮、蓄淡、排涝、泄洪、调水、排污、拦淤、沟通航运等重要任务,工程效益显著。

1. 临洪闸

临洪闸属大（2）型水闸,1958 年 11 月动工兴建,1959 年 12 月竣工,工程级别 3 级,共 26 孔,每孔净宽 5 m,闸身总宽 167.5 m,闸长 136.5 m,设计流量 1 380 m³/s,校核流量 2 320 m³/s,蓄淡设计灌溉面积 70 万亩。采用 QPS-2×300 kN"一带二"绳鼓式启闭机共 13 台套启闭闸门,配有 75 kW 备用发电机组 1 台套。

2. 临洪东站

临洪东站为大（1）型排涝泵站,1978 年动工兴建,1980 年停工缓建,1992 年复工续建,2000 年建成投运,2012 年完成更新改造工程。最大排涝能力 360 m³/s,由 110 kV 专用变电所负责供电,是治淮工程沂沭泗洪水东调南下主体工程之一,主要承担着蔷薇河流域 1 054 km² 的内涝强排任务,是确保连云港市区及东陇海铁路防洪安全的关键工程。

3. 东站自排闸

东站自排闸位于临洪东站和大浦抽水站之间,按Ⅰ级水工建筑物设计,设计流量 650 m³/s,共 6 孔,每孔净宽 10 m,总净宽 60 m。闸室采用沉井基础,岸、翼墙采用灌注桩基础,闸室上游设立交通桥,下游侧设工作桥,桥面高程8.40 m。上下游引河设计河底宽 120 m,河底高程—2.00 m,边坡 1∶4。

4. 临洪西站

临洪西站为大（2）型排涝泵站,1976 年动工兴建,1979 年建成投运,安装轴流泵配 2 000 kW 立式同步电动机 3 台套,总装机容量 6 000 kW,设计扬程 3.4 m,设计流量 90 m³/s,主要担负着新沭河扩大至行洪 7 000 m³/s 后,排除乌龙河流域 5 a 一遇的内涝。

5. 大浦第一抽水站

大浦第一抽水站为中型排涝泵站,2001 年动工兴建,2004 年 1 月建成投运,装有 1600ZLB112-5 型轴流泵配同步电动机 6 台套,总装机容量 4 800 kW,按 50 a 一遇设计,100 a 一遇校核,设计流量 40 m³/s,主要承担市区 122 km² 的涝水强排任务。排涝涵洞为 3 孔,每孔净宽 3.6 m、净高 3.5 m,建于大浦河左堤,引大浦河涝水至站前引河。调度涵洞为两孔,每孔净宽 2.75 m、净高 2.5 m,建于临洪东站引河右堤。

6. 大浦第二抽水站

大浦第二抽水站主要建筑物按Ⅰ级水工建筑物设计,设计排涝流量为 40 m³/s,安装 4 台 1600ZLB-85 型立式轴流泵,叶轮直径 1.6 m,单机设计流量 10 m³/s,配 TL800-24/1730 同步电机,单机容量 800 kW,总装机容量 3 200 kW。

五、预警及调度方案

(一)预警

市区防洪警戒水位为:蔷薇河临洪站水位 4.5 m。根据蔷薇河临洪站水位及石梁河水库泄洪情况,将市区洪水划分为四个预警级别,由轻到重分别为Ⅳ、Ⅲ、Ⅱ、Ⅰ级,分别用蓝、黄、橙、红色向社会发布警示标志。

Ⅳ级:蔷薇河临洪站水位达到 4.5 m 且持续上涨,石梁河水库泄洪流量 3 000 m³/s 及以下时,预警级别为Ⅳ级,用蓝色表示。

Ⅲ级:蔷薇河临洪站水位达到 5.0 m 且持续上涨,石梁河水库泄洪流量超过 4 000 m³/s 时,预警级别为Ⅲ级,用黄色表示。

Ⅱ级:蔷薇河临洪站水位达到 5.5 m 且持续上涨,石梁河水库泄洪流量超过 5 000 m³/s 时,预警级别为Ⅱ级,用橙色表示。

Ⅰ级:蔷薇河临洪站水位超过 5.9 m 且持续上涨,石梁河水库泄洪流量 6 000 m³/s 及以上,预警级别为Ⅰ级,用红色表示。

(二)调度方案

(1)根据气象部门预报及蔷薇河实际水情情况,适当预降蔷薇河水位,以接纳后期暴雨洪水。

(2)蔷薇河临洪站水位达到 4.5 m 且持续上涨,石梁河水库的泄洪流量为 3 000 m³/s 及以下时:市防指根据上游水情、雨情,及时预测水情变化,通知各区防指;各管理单位对管理范围内的险工堤段、小水库和涵闸加强巡逻和防守;病险小水库、塘坝要根据实际情况降低水位运行;关闭狮树闸,把善后河高水挡于市区之外;市区各排涝涵闸伺机开闸全力排水;大浦一站、大浦二站、临洪西站和临洪东站开机强排;连云港机动抢险队及市区各专业防汛抢险队集结待命;低洼片区做好架机强排准备。

(3)蔷薇河临洪站水位达到 5.0 m 且持续上涨,石梁河水库的泄洪流量超过 4 000 m³/s 时：蔷薇河进入全面防守阶段，临洪东站、大浦一站、大浦二站全力强排市区涝水，关闭蔷薇河支流节制闸；临洪西站机组全力强排乌龙河流域涝水；市防办及时做好水雨情、工情报告，每 2～3 h 做一次水情预报分析，市防指组织会商，并通报市防指各成员单位，市防指各成员单位有专人值班；各区防指要组织人员加强巡查。

（4）蔷薇河临洪站水位达到 5.5 m 且持续上涨，石梁河水库的泄洪流量超过 5 000 m³/s 时，市防指随时会商，必要时请省防指协调上游大官庄枢纽来水，减小进入石梁河水库流量，减缓石梁河水库上涨趋势；同时请省防指同意控制石梁河水库泄洪流量，减轻市区排涝压力；调度蔷薇河流域内安峰山、房山等大中型水库充分拦蓄洪水，控制下泄流量；蔷薇河流域内涝水不得抽排入蔷薇河，保证蔷薇河市区段不破堤；各级公安部门要维护好重要地段、交通道口治安交通秩序，保证抢险车辆、物资运输畅通；各重点堤段严加防守，并备足抢险物资，一旦发生重大险情，可立即投入抢险。

（5）蔷薇河临洪站水位超过 5.9 m 且持续上涨，石梁河水库的泄洪流量为 6 000 m³/s 及以上时：除上述措施外，各级抢险队、预备队根据各级防指指令，立即赶赴抢险地段，随时准备投入抢险。必要时商请部队帮助抢险。

六、市区代表站点水位变化过程

受上游来水影响，石梁河水库于 8 月 11 日 8 时开闸泄洪，初始泄洪流量为 300 m³/s；后期逐渐加大，16 时泄洪流量为 1 524 m³/s，8 月 11 日 18:30 泄洪流量 3 500 m³/s，为最大泄量；后期逐渐调减，12 日 11:30 泄洪流量为 2 460 m³/s，13:20 泄洪流量为 1 969 m³/s，19:30 泄洪流量为 1 556 m³/s，13 日 8:00 泄洪流量为 896 m³/s，9:13 泄洪流量为 580 m³/s。14 日 6:25 关溢洪闸。新沭河行洪占用了蔷薇河下泄通道，蔷薇河水位快速上涨。

（一）小许庄站

受流域内降水影响，小许庄站水位快速上涨。8 月 11 日 17 时 50 分，小许庄站出现超历史最大流量 302 m³/s（相应水位 5.08 m），最高水位 5.49 m，出现时间 8 月 12 日 12:10。

小许庄站水位流量过程线如图 8-6 所示。

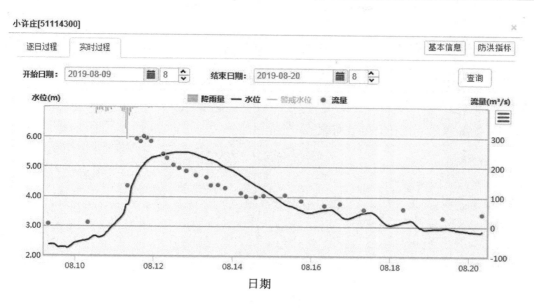

图 8-6 小许庄站水位流量过程线

（二）临洪（东）站

受上游及区间来水影响,临洪（东）站水位于 8 月 11 日 00:00 开始上涨,8 月 12 日 6:10 达到警戒水位 4.50 m,17:45 达到最高水位 4.78 m,13 日 4:45 降至 4.49 m。蔷薇河处于警戒水位以上持续时间约 23 h;实测最大流量 491 m³/s。

临洪（东）站水位流量过程线如图 8-7 所示。

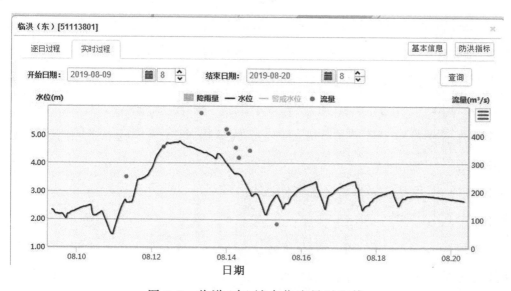

图 8-7 临洪（东）站水位流量过程线

（三）临洪站

受上游及区间来水影响,临洪站水位快速上涨。最高水位 5.28 m(富安调度闸部分关闭,不能代表蔷薇河水位),出现时间 8 月 13 日 02:55,实测最大流量 405 m³/s。

临洪站水位流量过程线如图 8-8 所示。

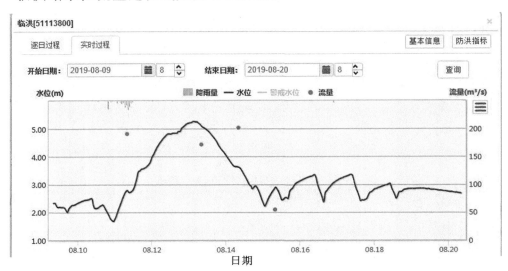

图 8-8　临洪站水位流量过程线

七、调度过程

点绘行洪期间石梁河水库出库流量、新沭河下游代表站太平庄闸、蔷薇河代表站临洪(东)、鲁兰河代表站临洪水位流量过程线如图 8-9 所示。

从图 8-9 可以看出,临洪(东)、临洪、太平庄闸、石梁河出流过程的相关性很好。

8 月 11 日 8:00 前,石梁河水库尚未泄洪,临洪、临洪(东)水位上涨较为缓慢(中间的下跌过程是临洪枢纽按照调度预案提前预泄),随着临洪枢纽下泄流量增大,太平庄闸水位从 7 时的 1.50 m 上涨至 12 时的 2.42 m。

8 月 11 日 8:00 石梁河水库开闸泄洪 300 m³/s,4 h 后,洪水到达太平庄断面,太平庄闸水位从 12 时的 2.42 m 上涨至 20 时的 3.75 m。临洪水位随着上涨至 20 时的 3.63 m,临洪(东)水位随着上涨至 20 时的 3.52 m,此时,临洪闸、临洪东站自排闸仍然可以开闸自排,临洪东站 8 月 11 日 14:30 开机,开机 12 台,强排流量 360 m³/s,加强预泄。

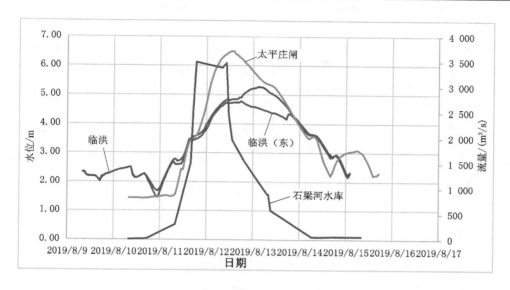

图 8-9　不同代表站点对比图

8 月 11 日 16：00 石梁河水库泄洪，泄洪流量 1 524 m³/s，17：00 调到 2 500 m³/s，18：30 调到 3 500 m³/s，4 h 后，洪水到达太平庄闸断面，太平庄闸水位从 20 时的 3.75 m 快速上涨至 23 时的 4.42 m，12 日 13 时到达最高水位 6.50 m。临洪水位随着上涨至 23 时的 3.83 m，13 日 02：55 至最高水位 5.28 m；临洪（东）水位随着上涨至 23 时的 3.74 m，12 日 17：45 上涨至最高水位 4.78 m。此时，临洪闸、临洪东站自排闸上游水位低于下游水位，关闸。临洪西站开始启用。

8 月 12 日 11：30 石梁河水库压缩泄洪量至 2 500 m³/s，13：20 压缩至 1 969 m³/s，19：30 压缩至 1 556 m³/s，太平庄闸水位出现明显回落，从 12 日 13 时的 6.50 m 回落至 13 日 10 时的 5.30 m。此时，临洪闸、临洪东站自排闸上游水位低于下游水位，关闸。

8 月 13 日 08：00 石梁河水库再次压缩泄洪量至 896 m³/s，太平庄闸水位再次出现明显回落，从 13 日 10 时的 5.30m 回落至 14 日 01 时的 3.84 m。临洪（东）水位随着回落至 14 日 01 时的 3.97 m；临洪（东）水位随着回落至 14 日 01 时的 3.91 m，此时，临洪闸、临洪东站自排闸上游水位高于下游水位，开闸自排。

八、排涝统计

（一）强排

蔷薇河、乌龙河、大浦河均启动排涝泵站强排，临洪东站、临洪西站、大浦一站、大浦二站适时开启泵站机组。临洪东站 8 月 11 日 14:30 开机,开机 12 台,强排流量 360 m³/s。临洪西站 8 月 11 日 22:00 开机,开机 3 台,强排流量 100 m³/s。大浦一站 8 月 11 日 9:50 开机,开机 48 台时,大浦二站 8 月 11 日 9:50 开机,开机 24 台时,大浦河强排流量 80 m³/s。13 日 18:10,临洪 4 站排涝机组全部关停,临洪东站开机 573 台时,排水 7 682 万 m³,临洪西站开机 53.5 台时,排水 585 万 m³,大浦两站开机 72 台时,排水 259 万 m³。临洪东站、临洪西站、大浦一站、大浦二站 4 座排涝泵站强排合计 8 526 万 m³。

（二）自排

受新沭河来水影响,临洪闸闸下最高水位 5.97 m,出现时间 12 日 14:40;临洪东站自排闸闸下最高水位 5.94 m,出现时间 12 日 14:35。新沭河行洪流量减小,下游水位回落,临洪闸、临洪东站自排闸于 8 月 13 日 18:20 开启自排,临洪闸、临洪东站自排闸合计排水 9 136 万 m³（截至 15 日 12 时）。

九、结论及建议

（1）新沭河行洪对市区蔷薇河防洪排涝影响极大,当新沭河下段行洪流量超过 1 500 m³/s 时,太平庄闸水位将抬高到 4.50 m 以上,临洪枢纽自排困难,只能强排。

（2）充分发挥石梁河水库的调蓄作用,在新沭河上游洪水下泄之前,提前预泄,建议下泄流量小于 1 000 m³/s,不影响临洪枢纽自排。

第三节　东海城区"8·10"暴雨洪水调查

一、概况

（一）自然地理

东海县位于江苏省东北部,属连云港市下辖县,地处东经 118°23′～119°10′,北纬 34°11′～34°44′。东与连云港市海州区接壤,西达马陵山与山东省郯城县分界,南与沭阳县为邻,北与山东省临沭县交界,东北沿新沭河与赣榆区相望,西南与新沂市相连。全县东西最大距离 70 km、南北最大距离 54 km,总面积 2 037 km²,其中水域面积 105.5 km²。

东海地属黄淮海平原东南边缘的平原岗岭地,地势西高东低,从西北向东南倾斜,地面高程为 2.30~125.00 m(废黄河基准点)。根据高程、坡度、地形特征,可划分三个地貌单元:一是西部低山丘陵区,海拔在 65 m 以上,沟壑密布,坡度较大,面积为 404 km²,占总面积的 19.83%;二是中部平原缓坡区,海拔 10~65 m,残丘平地分布广,相对自然坡度较缓,面积 870.5 km²,占总面积 42.74%;三是东部湖荡洼地区,海拔 2.3~10 m,地形平坦,湖荡较多,面积 762.5 km²,占总面积的 37.43%。

按局部地形地貌可将县域划分为低山、丘陵、岗地、平原 4 个片区,其中山丘岗岭区域占全县总土地面积的 57%,被列为江苏省淮北地区丘陵山区重点县之一。

低山:低山大多分布在中西部地区,面积 4.67 km²,占全县总面积的 0.23%,山体石质覆盖的 2.26 km²,土层覆盖的 2.41 km²,全县共有大小山体 10 座,山头 21 个,其中羽山最高,海拔 269.5 m,马陵山最长,在县境内南北长 37.6 km。

丘陵:丘陵主要分布在海拔 50 m 等高线上的李埝,山左口、桃林,石梁河、双店等乡镇和李埝林场等地,面积 74 km²,占全县总面积的 3.6%,范围内植被较少,沟壑纵横,水土流失严重,土质瘠薄,无土层覆盖的约 57.33 km²。

岗地:区内岗地分为高岗(147 km²)、平岗(348 km²)、缓岗(488 km²)及微岗(217 km²)四种类型,总面积 1 200 km²,占全县总面积的 58.9%,岗地主要分布在龙梁河以东、淮沭新河以西的县境中部乡镇,石梁河和安峰山 2 个大型水库均分布在该片区内。

平原:平原区位于县境东部,面积 755 km²,占全县总面积的 37.1%,主要分布在黄川、张湾、平明、房山、驼峰等乡镇,区内地势平坦,低洼易涝,属湖泊沉积平原。1949 年后,经多年水利治理,这一片区河网密布,沟渠纵横,排灌条件基本具备,成为盛产稻麦的粮食生产基地。

(二)水文气象

东海县气候属暖温带湿润季风气候,日照充足,雨热同季,四季分明,全年平均气温 13.8 ℃,平均无霜期 225 d,年平均日照 2 401 h,平均蒸发量 1 250 mm。县境靠近海洋,湿度较大,年平均相对湿度 70%,其中 7 月份最大为

85％,3 月份最小为 65％。根据统计,东海县多年平均降水量约为 871.4 mm,最大年降水量 1 294.4 mm(1960 年),最小年降水量仅 576.3 mm(1978 年),一日最大降水量 173 mm,发生在 2019 年 8 月 10 日。受季风影响,降水量年际分配不均,冬季雨水较少,夏季雨水集中,汛期降雨量一般占全年降雨量的 70％以上;多年平均径流深为 256.1 mm。

(三)河流水系

东海县东邻黄海,处于沂沭泗水系下游,境内河库较多,主要有新沭河、淮沭新河、蔷薇河、鲁兰河、石安河、龙梁河等 16 条主干河流,除石安河、龙梁河南北流向外,其余大都由西向东汇入蔷薇河、新沭河等河流入海。东海县拥有"百库之县"之称,共有大型水库 2 座,中型水库 7 座,小型水库 53 座,10 万 m³ 以上塘坝 36 座,总库容为 8.9 亿 m³,其中石梁河水库和安峰山水库分别为全省第一和第四大水库,多座大中小型水库串联成群,形成了集防洪、供水、灌溉等多种功能的水库群。由于特殊的地理、气候和水文条件,及受上游洪水、下游入海河道高水位顶托影响,东海县境内暴雨、台风、内涝、溃害、干旱等灾害较为严重。为此,东海县积极开展水利工程建设,经多年努力,目前已初步形成了以新沭河、龙梁河、石安河、淮沭新河等截水河道及大中小型水库为防洪屏障,以房山、芝麻等 5 座中型抽水站抽引外来水源,以蔷薇河及 5 条支河和众多的中、小型电力排水站抽排内涝的完整的防洪、除涝、灌溉的水利新体系,形成了山丘区有控制、平原坡地有河网、洼地抽排有保障、排灌水源可调度的水利新格局,在抗御历次水旱灾害中发挥了重要的作用,水利为促进全县经济又好又快发展提供了重要的基础保障。东海县主要河道及水库情况如下:

石梁河水库位于新沭河中游,苏鲁两省的赣榆、东海、临沭三区县交界处,原设计集水面积 5 464 km²,沂沭河洪水东调工程实施后,增加了沂河(集水面积 10 100 km²)部分洪水经分沂入沭水道由新沭河汇入水库。该水库建于 1958 年,总库容 5.31 亿 m³,是一座具有防洪、灌溉、供水、发电、水产养殖、旅游等综合功能的大(2)型水库。

安峰山水库位于东海县安峰镇、曲阳乡,淮河流域蔷薇河支流厚镇河上游,流域面积 176 km²。该水库建于 1957 年,总库容 1.13 亿 m³,是一座以防洪、灌溉为主,结合水产养殖和城乡生活供水等综合利用的大(2)型水库。

新沭河为沭河在山东省临沭县大官庄的向东分支,上起大官庄闸,下至临洪河入海口,全长 80 km,其中江苏境内由石梁河水库至入海口长 45 km,区间流域面积 1 970 km²,河道内滩地面积 5 万亩,沭河洪水经大官庄闸下泄后进入新沭河,再经石梁河水库调蓄后排放入海,是沂沭泗流域的主要排洪河道之一,也是沂沭河洪水东调的关键工程。自大官庄以下、石梁河水库以上区间汇水面积 976 km²。1974 年石梁河水库溢洪闸最大泄洪流量 3 490 m³/s。

淮沭新河为江淮水北调补给东海、赣榆两县区的主要水源,位于东海县东南部,又称蔷北截水沟或 5 m 截水沟,从蔷薇河的蔷北进水闸开始经过房山镇、平明镇、白塔埠镇、张湾乡 4 个乡镇,直到海州洪门入蔷薇河。河道集水面积 217.21 km²,其中圩区面积 133.4 km²。工程从 1958 年开工,沿 5 m 等高线开挖,1973 年 1 月全部贯通。河道全长 45 km,左堤顶高 7 m,堤顶宽 6～8 m,边坡 1：2.5,河道比降 0.55‰。1975 年进行复堤施工,对下游堤身加高培厚,1977 年进行最后一次施工达目前标准。河道规划设计标准为 20 a 一遇防洪标准,设计行洪流量 55～500 m³/s,该河道的主要功能是防洪、排涝、调水、灌溉、航运,为综合利用河道,其防洪排涝受益范围为自身流域范围及其以下的蔷薇河流域地区;江苏省南水北调末级的房山翻水站即设在沭新河房山镇山前村处,调水范围覆盖东海县石安河区域、龙梁河区域、赣榆区沭北灌区。

蔷薇河发源于新沂市马陵山系的踢球山,至东海县吴场以下后称蔷薇河,主要支流在沭阳县境内有王圩大沟、友谊河、新伍河,在东海县境内有黄泥河、民主河、马河、淮沭新河、鲁兰河。蔷薇河从东海友谊河口至东站自排闸全长 51 km,流域面积 1 349.6 km²,是东海县内重要的防洪、排涝、灌溉河道,同时也是连云港市市区、东海、赣榆调水的重要通道。

沭新渠为江淮水北调供给东海县沭新渠大型灌区用水的唯一水源,位于东海县东部,南自蔷北地涵,北至白塔地涵,全长 37 km,河面宽 30～50 m,河底宽约 24 m,设计引水能力 100 m³/s,以农业灌溉为主,兼顾城市饮用水源,其农业受益范围为房山、平明、白塔埠、黄川 4 个乡镇,灌溉面积 28.26 万亩。

石安河位于东海县中部,纵贯县境南北,北起石梁河水库,南到安峰山水库,全长 55 km,沿 18.00 m 等高线开挖,截取高程 18.00～50.00 m 高程之间的大面积岭地高水,经 4 处泄洪口门向下游排泄。4 处泄洪口门分别为:向磨山河泄入新沭河的口门——青湖闸;向鲁兰河泄洪口门——埝河闸、范埠闸;向安峰山水库泄洪口门——薛埠闸。石安河堤顶高程 21.00～22.00 m,堤顶宽 8～12 m,河道底高程 14.00 m,汛期控制水位 18.0 m,警戒水位 19.0 m,最高洪水位 19.7 m。洪水调度原则:当河水位超过 18.0 m、安峰山水库低于汛限水位时,先开薛埠闸满足补库;如薛埠闸分洪补库不及,视河道水位上涨情况,可开青湖闸经磨山河排入新沭河,青湖闸在开、关闸时须提前 1 h 通知黄川灌区管理所及时开、关磨山河闸;如水位超过 19.0 m 再依次开启范埠闸、埝河闸、胜泉闸分洪;当出现水位超过 19.7 m 的非常情况时,炸开埝河闸南侧河堤分洪。石安河总集水面积为 420 km²,已先后兴建黄洼、磨山、界埃、英疃、郑庄、讲习、贺庄、西双湖、昌黎、横沟等 10 余座中小型水库,总汇水面积为 216 km²,未经水库调蓄而直接入石安河的汇水区域面积为 204 km²。

龙梁河位于东海县西部,南起大石埠水库,北到石梁河水库,全长 65 km,总汇水面积为 123 km²,是一条沿 50 m 等高线开挖的平底河道,其河底设计宽度为 20 m,河道设计宽度为 60 m,河道底高程 46.00 m。

鲁兰河发源于东海县境内马陵山、羽山、磨山等处,向东流经东海县北部,在浦南镇富安村南入临洪河,汇入临洪河后经临洪闸至临洪河口入海。鲁兰河干流全长(富安至上湾)30 km,主要支流有埝河、石安河、张桥河等。鲁兰河现状为等外级航道,除具有防洪、排涝和工农业水源区功能之外,同时还具有通航功能,为Ⅵ级航道。

乌龙河原为大沙河支流,1952 年下游改道入蔷薇河,全长 34 km,流域面积105.52 km²。1959 年动工疏浚,1979 年全线治理开通。上游一段 10 km 长河宽仅 4 m。中下游河底宽 10～20 m,河底高程 −0.20～0.80 m。1989 年 11 月,青湖至蔷薇河段堤防又进行了修复,堤顶宽 4 m,堤顶高程 13.30～6.80 m。新沭河借道临洪河行洪以后,由于流域内地势低洼,在临洪闸泄洪排涝或者新沭河行洪期间排水非常困难,须通过临洪西翻水站翻水强排。富安调度闸投入运行后,临洪闸承担鲁兰河高水排洪任务,乌龙河流域高标准洪涝水只能通过强排措施实现排水目的。

(四)洪涝灾害

由于特殊的地理、气候和水文条件,东海县上游洪水、下游入海河道高水位顶托、暴雨、台风、内涝、农田渍害、干旱等水灾害严重。

洪水：中华人民共和国成立以前及中华人民共和国成立初期，县境主要自然灾害是洪水灾害，据有关资料记载，1949 年后出现的洪涝严重的年份有：1955 年、1957 年、1970 年、1974 年、1990 年、1994 年、1998 年、2000 年、2005 年、2012 年和 2019 年。其中 1974 年洪水是 1949 年以来发生的最大一次洪水，由于暴雨集中，上游来水流量大加之泄洪不畅，河流、水库水位同时猛涨，石梁河水库水位上涨至 26.82 m，泄洪流量达到 3 490 m³/s。

涝渍：县境涝灾一是因洪致涝，洪涝间乘，洪大于涝，如 1955 年、1957 年、1970 年、1974 年、1990 年、1994 年、2000 年、2005 年、2012 年和 2019 年，都是洪水过后，涝灾严重。二是久雨成涝，积水成灾，涝渍为主。如 1956 年、1960—1964 年、1966 年，农作物因涝减产，损失也较严重。20 世纪 70 年代，由于洼地治涝工程的逐年实施，抗涝实力逐年增强，同时全县大面积旱改水，所以虽时有雨涝发生，一般都能及时排除，涝灾及时得到控制，水情严重而灾情仅限局部。

由于气候变化反常，旱季亦会发生涝灾。如 1964 年 4—5 月。春雨达 251.1 mm，蔷薇河及各支河发生桃花汛，造成小麦受渍。1962 年、1975 年秋末（9—10 月上旬），降雨量比常年多 1.7 倍，阴雨连绵长达 20 多天，伴有暴雨发生，造成三麦播种困难，影响山芋切晒和花生收获储存。

东海县洪涝灾害较为严重年份的大事记：

（1）1950 年 4 月 14 日起，连续 3 昼夜大雨，东海县 439 个村中有 115 村遭灾，倒塌房屋 2 829 间，砸死 7 人，砸伤 19 人。

（2）1953 年夏季，连续降雨，并有几次大雨和暴雨，蔷薇河、马河、乌龙河等河水猛涨，多处河段决口，东海县受淹农田达 8.7 万顷，秋季大减产。

（3）1955 年 6 月 24 日，洪水。赵集水位 5.97 m，马河滩面行水 1 m 以上，鲁兰河滩面行水 1.5 m。新沭河泄洪 1 400 m³/s，蔷薇河及马河共决口 13 处，长 176 m，漫溢一处，长 500 m，淹没农田 6 万公顷；7 月 9 日至 11 日，连续 3 d 狂风暴雨，鲁兰河、马河、蔷薇河、民主河、黄泥河、厚镇河等河水均漫堤，鲁兰河上游石榴段溃堤 5 处，马河决口 2 段，蔷薇河、黄泥河、民主河接近处溃堤成灾十分严重，长 30 km、宽 10 km 一片汪洋，平地水深一般 1 m 余，最深 2 m 以上。新沭河毛园处 5 号、10 号水坝各被冲毁 5 m 多。全县淹没土地扩大至 4.2 万公顷,岭地 1.3 万公顷,全县被淹农田共计 5.5 万公顷,3 万群众受灾;8 月 31 日暴雨,又淹 3.7 万公顷。自 6 月 23 日到 9 月 25 日共降雨 760.9 mm,此次洪灾为 40 a 一遇。

(4) 1956 年 4 月 6 日晨,东海县普降大雨,并伴有 7 级大风,至 7 日 20 时止。蔷薇河、鲁兰河水陡涨,蔷薇河水倒灌马河,马河决口 3 处。全县麦田积水 1.3 万余公顷,倒塌房屋 723 间,砸死 3 人,砸伤 6 人;6 月 30 日,全县普降大、暴雨 149.9 mm,2.7 万公顷农作物受淹,蔷薇河、鲁兰河、马河河水陡涨;8 月 4 日,县境遭台风、暴雨袭击,各河河水陡涨,多处决口,在田作物受淹,倒塌房屋 10 889 间,损坏房屋 6 026 间,砸死、淹死 8 人,伤 53 人;9 月上旬,全县遭受严重的风、雨、雹、海啸多种灾害,灾民达 21 万余人。

(5) 1957 年 6 月 11 日夜,新开河来水,蔷薇河张湾水位陡涨到 3.8 m,各支河受到洪水袭击;7 月,暴雨,最大雨量 235 mm。新沭河于 7 日、11 日、13 日、14 日、16 日、20 日、22 日、24 日出现 8 次洪峰,其中第三次洪峰 13—14 日达 3 000 m³/s,蔷薇河张湾最高水位 4.08 m。这一年受洪灾 3 次:第一次 6 月 9 日,风、雹、洪水,三麦受灾 9 300 公顷;第二次 7 月 21—23 日,全县积水 2.4 万公顷,受灾 4.2 万公顷;第三次 8 月 18 日,积水面积达 2.7 万公顷。本年洪水因洪致涝 4.23 万公顷。倒塌民房 3 823 间,冲毁塘坝 11 座、桥 2 座,减产粮食 14 000 t。

(6) 1960 年 6 月 25 日—8 月 3 日,全县普遍连续降雨,降雨量一般 700 mm。暴雨中心雨量达 863 m。东部 2.7 万公顷洼地积水 20 d。全县倒塌房屋约 1.5 万间,因水库水位高出洪水位淹没大小村庄 13 个,砸伤 15 人,砸死 1 人,淹死 8 人;8 月,暴雨,西双湖水库水位猛涨,北湖东堤大坝两处滑坡 80 m、50 m,坝顶塌坡高差 2 m 以上,随时有垮坝危险。县采取紧急措施,停止蓄水,由东闸、南闸泄洪,动员民工 6 000 人上坝抢险,抢做土方 5 000 m³,加筑后戗,保住大坝。

(7) 1961 年 5 月 9 日,县境遭受狂风暴雨和冰雹袭击,降雨量高达 133.9 mm,降雨时大风七八级,阵风九级,1 万公顷农田积水,中、西部 14 个公社 85 个大队遭受雹灾。被雷打死 4 人,伤 69 人。全县倒塌房屋千余间,损坏房屋 2 万余间;7 月 5 日零时 30 分—4 时,全县普降暴雨,一般降雨 200 mm,最高 250 mm。倒塌房屋 5 000 间,死 4 人,伤 23 人。

（8）1963 年 7 月,全月雨日 19 d,累计雨量 500 mm。蔷薇河沿岸 2.3 公顷农田积水 20 余天,有 11 个大队土地全部淹没。倒塌房屋 1.71 万间,砸死 9 人,砸伤 56 人。

（9）1964 年 4 月 4—22 日,连续阴雨 19 d,降雨量 170.5 mm。全县 1.3 万公顷花生不同程度烂种,水稻烂秧;4—5 月,县境降雨达 251.5 mm,蔷薇河及各支河发生桃花汛,麦田受渍;6 月 12—14 日,全县遭受特大暴风和冰雹袭击,14 个公社(场、园)94 个大队 654 个生产队损失严重,受伤 517 人,死 6 人,损坏房屋 91 760 间,在田作物 1.18 万公顷受损;10 月 10—18 日,连续阴雨,大量地瓜干霉烂。

（10）1966 年 6 月 18 日,县境西北、东南向,长 50 km,宽 5 km,遭受狂风暴雨和冰雹袭击,风力达 10 级以上,雨量一般 80 mm,降雹 30 min～1 h。损坏房屋 2 万余间,砸伤 142 人;9 月,县境遭 60 a 未遇大旱。全县 7.3 万公顷在田作物受灾,5.1 万公顷灾情严重,花生、旱稻大片干枯。

（11）1970 年 7 月 21—25 日,东海县境内连降暴雨,总雨量达 255 mm,月雨量高达 445 mm,各河流、水库水位急剧上涨,为 1949 年以来所罕见。新沭河山洪暴发,石梁河水库泄洪量达 2 430 m³/s,临洪闸最高水位 5.09 m,蔷薇河最大泄量 419 m³/s。蔷薇河下游水位受新沭河泄洪顶托壅高,并遇高潮位,造成临洪闸上游干、支河 13 处决口。受水面积达 4 万公顷,损失严重。

（12）1974 年 7 月 19 日,房山、平明公社遭龙卷风和暴雨袭击。30 min 内降雨 60 mm,损坏房屋 1 853 间,倒塌 45 间,10 人受伤,1 人死亡;8 月 11—13 日,受 12 号台风倒槽和冷空气结合影响,连降暴雨。黄川、白塔、房山等公社降雨高达 400 mm 以上,其他公社降雨 300 mm 以上。日雨量 150 mm,最高达 220 mm。13—15 日,各主要河流水位猛涨,大都超过最高洪水位和历史最高水位,新沭河大官庄洪峰流量 5 400 m³/s。13 日夜横沟水库水位 28.4 m,贺庄水库 38.4 m,大石埠水库 49.5 m,石安河水位达 19.5 m 以上。吴场地涵最高水位闸上 7.4 m、闸下 6.75 m,都超过最高洪水位或历史最高洪水位,这是 1949 年以来发生的最大一次洪水。县内 5 条主要行洪河道有 13 处漫溢、决口。16 个公社受灾,其中 8 个公社 57 个大队被洪水围困,5 万人撤离村庄。4.47 万公顷农作物被淹,其中重灾无收农田 1.3 万公顷。倒塌房屋 5 万余间,死伤 78 人。

19 000 t 国库和集体粮食浸水。

(13) 1984 年 7 月 8—25 日,县境连遭 3 次特大暴雨袭击。全县平均降雨 400 mm,部分地区高达 643 mm。各主要河流水位陡涨,水库均超过汛期控制水位。2.07 万公顷在田作物严重受淹,近 2 万公顷旱作物受渍,倒塌房屋 1 455 间,冲毁大中型桥、涵、闸 250 座。年内普查,全县 21 个乡(镇)117 个村 23 万人饮用高氟水,氟斑牙患者约 16 万人。

(14) 1990 年 7 月 17 日,县境遭暴风雨袭击,淹农田 3 000 公顷,倒塌房屋 310 间;8 月 2—4 日,全县陡降大暴雨,暴雨中心在山左口乡,降雨 324 mm,洪庄 317.6 mm,双店 268 mm,石湖 315 mm,安峰 284 mm,桃林 281 mm。各河流、水库水位猛涨,大都超限。洪水冲毁桥、涵、闸 401 座,冲毁堤防 83 处,352 个自然村庄被水围困,5.5 万人口受灾,倒塌房屋 6 209 间,5.2 万公顷在田作物受灾,其中重灾 1.9 万公顷,失收 3 000 公顷。

(15) 1994 年 5 月 10 日下午 5 时 40 分,安峰山水库遭龙卷风袭击,在库内捕鱼的船只被卷翻 6 只,淹死 11 人。水库泄洪闸上启闭机房被刮倒,43 间屋瓦全部被刮跑,损失数万元。

(16) 2000 年 8 月 28 日 3 时—31 日 14 时,全县普降暴雨,平均雨量 283.3 mm,最大点雨量石梁河 450 mm,最小点雨量大石埠 146 mm。这次洪涝灾害的重点灾区为蔷薇河及支河流域的房山、平明、张湾、浦南、黄川、白塔、驼峰、岗埠 8 个乡镇,60 万亩农田严重积水,持续时间近 1 个星期,最深积水达 1.5 m,淹没田块约 10 万亩,近 1 万亩旱作物绝收,其中白塔、驼峰 2 个乡镇最为严重,白塔粮管所 2 000 多万千克稻谷、小麦全部进水,仓内水深 0.6~0.7 m,持续 60 h,造成存粮霉烂 1 500~1 700 万 kg,房山镇祝场村 380 户有 260 户严重进水。

(17) 2005 年,东海县有三场暴雨,第一场是 7 月 10 日,面均降雨量 109.8 mm;第二场是 7 月 31 日—8 月 10 日,连续多日降雨,面均降雨量 285.9 mm,日最大降雨量 162.1 mm;第三场是 8 月 29 日,面均降雨量 110.6 mm。本年度全县受灾乡镇 22 个,受灾人口 33.295 万人,转移人口 2 167 人,农村受淹住宅约 2 万间,倒塌房间 744 间;农作物受灾面积 34.27 千公顷,成灾面积 24.97 千公顷,绝收面积 4.52 千公顷;直接经济损失 0.849 6 亿元。

(18) 2012 年 7 月 8 日凌晨 3 点多到 9 日凌晨,全县普降暴雨,局部大暴雨,平均降雨量达 127.7 mm,其中黄川镇 24 h 最大降水量高达 350 mm。本次降雨造成东海县共有黄川、平明、张湾等 17 个乡镇受灾,受灾人口 27.28 万人;住宅受淹 0.15 万户,倒塌房屋 183 间;农作物受灾面积 44 万亩,成灾面积 17.2 万亩,绝收面积 7.5 万亩,减产粮食 6.22 万 t,水产养殖损失 0.15 万 t;停产企业 15 家;损坏护岸 150 处,损坏水闸 30 座,损坏机电泵站 50 座,灌溉设施 80 处,损坏桥涵 90 座。因洪涝灾害造成的直接经济损失 1.642 9 亿元,其中:农业直接经济损失约 1.2 亿元,工业交通业直接经济损失 0.035 1 亿元、水利工程直接经济损失 0.314 亿元。

(19) 2019 年 8 月 10—12 日受台风"利奇马"影响,东海县出现区域性大暴雨、局部特大暴雨。全县最大降雨点出现在驼峰,降雨量为 364.3 mm;风力 7 到 8 级,最大风力出现在平明,18.0 m/s(8 级)。台风"利奇马"是自有气象记录以来对东海县影响最强的台风,降水量超历史极值。本次台风造成全县受灾人口约 51 090 人,紧急转移安置人口 1 042 人,集中转移安置 522 人,分散转移安置 520 人。一般损坏房屋 1 387 间,一般损坏农房间数 1 365 间;城区倒伏 68 棵乔木、断枝 56 棵,路面灾毁大约 1 000 m²;损坏护岸 3 处,损坏水电站 1 处,水库滑坡 1 处;全县农作物不同程度受灾,受灾农作物面积 52.9 万亩,农作物成灾面积 7 015.5 公顷,农作物绝收面积 34 公顷。大棚受淹进水 8 204 栋,面积约 1.95 万亩,坍塌毁坏 221 栋,面积约 511 亩。

(五)社会经济

东海县处于沿沪宁线、沿江、沿海、沿东陇海线"四沿"经济开发战略的交叉辐射区,是连云港加快发展的重要区域,具备良好的区位、交通、资源条件,发展优势明显。东海县是全国首批 50 个商品粮基地之一和油料大县,是江苏省花生、瘦肉型猪和果品生产基地。东海县现辖白塔埠、黄川、石梁河等 11 个镇,驼峰、李埝、山左口等 6 个乡以及牛山、石榴 2 个街道办事处。至 2018 年底,全县户籍总人口 124.6 万,比上年增长 0.6%,其中女性 59.64 万人,占总人口比重为 47.9%。全县城镇户籍人口 58.20 万人,户籍城镇化率 46.7%,比上年提高 2.7 个百分点。

2018 年东海县实现地区生产总值 494.42 亿元,按可比价计算比上年增长 4.9%。其中,第一产业增加值 73.46 亿元,增长 2.8%;第二产业增加值 207.78

亿元,增长 1.9%;第三产业增加值 213.18 亿元,增长 8.9%;二、三产业快速发展,三次产业结构由上年的 14.4:43.8:41.8 调整为 14.9:42:43.1。按常住人口计算,人均地区生产总值为 50 916 元,增长 4.7%。全县居民人均可支配收入 24 513 元,比上年增长 9.1%,其中城镇居民人均可支配收入 32 228 元,比上年增长 8.3%,农民人均可支配收入 17 291 元,比上年增长 3.9%。

2018 年东海县农用地总面积 1 573.55 km²,其中耕地面积为 1 222.94 km²,园地面积为 83.68 km²,林地面积为 26.86 km²。全年粮食总产量达到 1163 170 t,其中夏粮 454 426 t,秋粮 708 744 t。农林牧渔业总产值 144.43 亿元,比上年增长 5.7%。2018 年东海县积极推进农业现代化建设,全县新增高效农业 4.07 万亩,设施农业总面积达到 37.78 万亩,建设高标准农田面积 4.5 万亩,绿色食品原料标准化生产基地(稻、麦)53.5 万亩。全县秸秆综合利用率为 98.6%。生猪规模养殖比重为 91.9%。

二、暴雨分析

(一)雨情

2019 年,东海县降水量 775.1 mm,较常年同期(871.4 mm)偏少 11.1%,麦坡站 861.8 mm 为最大,其次小许庄 830.0 mm。年内 1 月、3 月、4 月、6 月、8 月降水量较常年同期偏多,其余月份均偏少。汛前(1—5 月)东海县平均降雨量 132.9 mm,较常年同期(184.6 mm)偏少 28.0%。汛期(6—9 月)东海县平均降雨量 564.1 mm,较常年同期(604.0 mm)偏少 6.6%。汛后(10—12 月)东海县平均降水量 78.0 mm,较常年同期(82.8 mm)偏少 5.8%。

2019 年东海县降水量统计见表 8-4,2019 年东海县降水过程柱状图如图 8-10 所示。

表 8-4　2019 年东海县降水量统计表

月份	2019 年/mm	多年平均/mm	与多年平均相比/%
1 月	32.3	16.1	100.4
2 月	11.4	21.8	−47.7
3 月	32.3	31.2	3.6
4 月	52.6	49.1	7.0

表 8-4（续）

月份	2019 年/mm	多年平均/mm	与多年平均相比/%
5 月	4.3	66.3	−93.6
6 月	131.7	103.1	27.8
7 月	161.7	238.2	−32.1
8 月	259.3	172.5	50.3
9 月	11.4	90.2	−87.4
10 月	30.4	36.4	−16.4
11 月	27.1	31.1	−12.9
12 月	20.5	15.4	33.4
汛前	132.9	184.6	−28.0
汛期	564.1	604.0	−6.6
汛后	78.0	82.8	−5.8
全年	775.1	871.4	−11.1

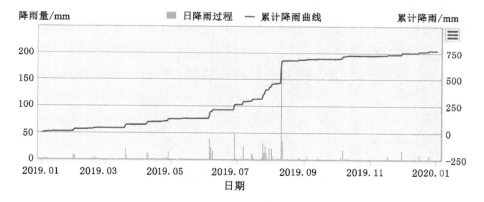

图 8-10　2019 年东海县降水过程柱状图

（二）暴雨成因

8 月 9 日,台风"利奇马"沿副高外围西南气流向西北方向移动。8 月 10 日,受西风槽影响,副高和大陆高压断裂,"利奇马"登陆后在副高西侧继续向偏北方向移动,东海县地处台风倒槽顶部,受偏东气流影响,源源不断的水汽由海上输送至东海县,后期随着台风"利奇马"与东移的西风槽在江苏北部、山东南部相结合,槽前的西南气流与台风带来的偏东气流交汇于此,造成东海县出现区域性大暴雨,局部特大暴雨。8 月 11 日,"利奇马"在江苏北部、山东南部与西风槽结合,从温压场结构看,台风的正压结构逐步瓦解,在台风西侧西南侧有冷平流,东侧则为暖平流,已经变性成斜压结构的温带气旋,形成第二个雨峰。8 月 12 日,台风继续北上,对东海县影响越来越小,降雨也逐渐停止。

（三）暴雨过程

2019 年 8 月 10—12 日,东海县发生特大暴雨,降水达 205.2 mm,折合水量 4.18 亿 m³,等同于 3.4 个安峰山水库的水量,19 个西双湖的水量。多个水库开闸泄洪、多条河道超过警戒水位,城区受涝严重,多处被淹,积水 0.5～0.7 m。本次降水分两个雨峰,第一个雨峰在 8 月 10 日 12—18 时,第二个雨峰在 11 日 3—10 时,第一个雨峰大于第二个雨峰。

2019 年 8 月 10—12 日东海县降雨量过程线如图 8-11 所示。

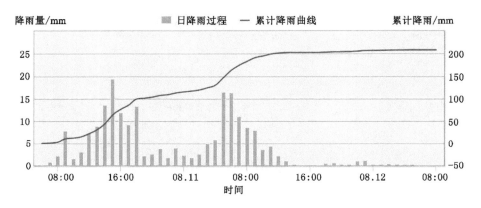

图 8-11　2019 年 8 月 10—12 日东海县降雨量过程线

2019 年 8 月 10—12 日东海县暴雨中心降雨量过程线如图 8-12 所示。

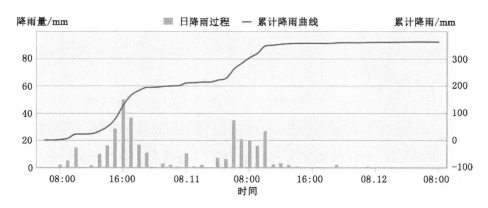

图 8-12　2019 年 8 月 10—12 日东海县暴雨中心麦坡站降雨量过程线

东海县 10 日 6 时开始降雨,至 12 日 5 时结束,最大 1 h 降雨量 19.5 mm、最大 3 h 降雨量 45.1 mm、最大 6 h 降雨量 76.7 mm、最大 12 h 降雨量 101.1 mm、最大 24 h 降雨量 184.2 mm。最大 1 d 降雨量 173.0 mm,历史排位第一,重现期达到 57 a 一遇。东海县降雨量大于 100 mm 笼罩面积 2 031.5 km²,占全县总面积的 99.7%;大于 200 mm 笼罩面积 1 032.0 km²,占全县总面积的 50.7%;大于 300 mm 笼罩面积 114.7 km²,占全县总面积的 5.6%。全县最大点降水量为 362.5 mm,出现在麦坡雨量站(东海县驼峰乡)。本次降雨主要分布在东海县中部及东南部,普遍在 200 mm 以上;北部降水基本在 150 mm 以下。

2019 年 8 月 10—12 日东海县降雨量统计成果表见表 8-5。

表 8-5　2019 年 8 月 10—12 日东海县降雨量统计成果表

雨量分区	面积/km²	占全市面积比/%	面雨量/mm	水量/(亿 m³)
东海县	2 037.0	26.7	205.2	4.18
≥100 mm	2 031.5	26.7	204.3	4.15
≥200 mm	1 032.0	13.6	239.8	2.47
≥300 mm	114.7	1.5	327.4	0.38

全县降雨超过 200 mm 的雨量站有 8 个,麦坡 362.5 mm,牛山 315.5 mm,双店 255.5 mm,房山水库 247.5 mm,昌黎水库 247.5 mm,张湾 215 mm,贺庄水库 213.5 mm,小许庄 205.5 mm。暴雨中心位于驼峰乡麦坡村,最大 1 h 降雨 50.5 mm,最大 3 h 降雨 116.5 mm,最大 6 h 降雨 161 mm,最大 12 h 降雨 194.5 mm,最大 24 h 降雨 330.5 mm。

东海县降雨大于 200 mm 雨量站统计表见表 8-6。

表 8-6　东海县降雨大于 200 mm 雨量站统计表

序号	站名	累计降雨量	最大 1 h	最大 3 h	最大 6 h	最大 12 h	最大 24 h
1	麦坡	362.5	50.5	116.5	161	194.5	330.5
2	牛山	315.5	29	69	112.5	160	265
3	双店	255.5	47.5	95	135	173	222

表 8-6(续)

序号	站名	累计降雨量	最大 1 h	最大 3 h	最大 6 h	最大 12 h	最大 24 h
4	房山水库	247.5	31.5	61	75	109.5	183
5	昌黎水库	237.5	49	95.5	135.5	168	218.5
6	张湾	215	38.5	72	98.5	119.5	204
7	贺庄水库	213.5	32	55.5	102.5	152.5	191
8	小许庄	205.5	54.5	106	130.5	140	194

（四）暴雨重现期

暴雨重现期是反映降雨出现概率的指标,依据 2019 年东海县各站水文资料,统计全县最大 1 d、3 d、7 d、15 d 和 30 d 降雨量,采用江苏省实时雨水情分析评价系统,分析东海县及麦坡雨量站暴雨参数及最大降雨量重现期。

东海县暴雨集中,暴雨重现期差异较大,最大 1 d、3 d 暴雨重现期分别为 47 a、16 a,其中最大 1 d 暴雨量历史排位第一,而最大 7 d、15 d 和 30 d 暴雨重现期都分别仅为 5 a、4 a、4 a。

东海县各时段最大降雨量重现期成果表见表 8-7。

表 8-7　东海县各时段最大降雨量重现期成果表

时段/d	均值/mm	C_v	C_s/C_v	降雨量/mm	起始时间	历史排位	重现期/a
1	92.3	0.34	3.5	173.0	8 月 10 日	1/68	47
3	132.5	0.35	3.5	210.9	8 月 11 日	4/68	16
7	171.3	0.32	3.5	214.2	8 月 12 日	12/68	5
15	234.8	0.31	3.5	269.9	8 月 13 日	17/68	4
30	327.2	0.34	3.5	381.8	8 月 14 日	15/68	4

暴雨中心麦坡站最大 6 h 暴雨重现期为 121 a,超过 100 a 一遇,历史排位第一;最大 24 h 暴雨重现期达 383 a,超 300 a 一遇,历史排位第一;最大 3 h、12 h 暴雨重现期分别为 31 a、68 a,而最大 1 h 暴雨重现期仅为 3 a。

麦坡站最大 1 d、3 d 暴雨重现期分别为 278 a、195 a,历史排位第一,最大 7 d 暴雨重现期 81 a,历史排位第二,而最大 15 d、30 d 暴雨重现期分别为 34 a、16 a。

2019 年东海县暴雨中心麦坡站最大重现期成果表见表 8-8。

表 8-8　2019 年东海县暴雨中心麦坡站最大重现期成果表

时段/d	均值/mm	C_v	C_s/C_v	降雨量/mm	起始时间	历史排位	重现期/a
1 h	45.7	0.33	3.5	50.5	8 月 10 日 15 时	17/43	3
3 h	67	0.33	3.5	116.5	8 月 10 日 16 时	3/43	31
6 h	79	0.33	3.5	161	8 月 10 日 17 时	1/55	121
12 h	95.6	0.36	3.5	194.5	8 月 10 日 18 时	3/55	68
24 h	115.9	0.42	3.5	330.5	8 月 10 日 19 时	1/55	383
1 d	100.1	0.47	3.5	303.0	8 月 10 日	1/69	278
3 d	135.8	0.43	3.5	362.5	8 月 11 日	1/69	195
7 d	174.5	0.36	3.5	363.5	8 月 12 日	2/69	81
15 d	237.5	0.34	3.5	425.5	8 月 13 日	4/69	34
30 d	326.7	0.34	3.5	512.5	8 月 14 日	7/69	16

东海县城区牛山站位于牛山镇牛山村,1978 年 6 月设立,具有长系列短历时暴雨资料。本次城区暴雨重现期分析采用牛山站短历时暴雨资料 P-Ⅲ型频率曲线分析,牛山站最大 60 min、180 min、360 min、720 min、1 440 min 降雨重现期分别为 1.4 a、2.5 a、5.8 a、10.8 a、45.5 a。

牛山站暴雨重现期成果表见表 8-9。

表 8-9　牛山站暴雨重现期成果表

时段/min	雨量/mm	均值/mm	C_v	C_s/C_v	重现期年/a
10	12.5	18.9	0.27	3.5	1.1
20	17.5	29.8	0.32	4.0	1.0
30	24.0	36.1	0.35	3.5	1.2
45	29.5	42.5	0.39	3.5	1.3
60	34.5	46.3	0.4	3.5	1.4
90	46.0	52.7	0.37	3	1.8
120	53.5	57.5	0.4	3.5	2.1
180	72.0	67.5	0.41	3.5	2.5
240	82.0	74.5	0.42	4	3.3
360	113.0	84.5	0.42	4	5.8
540	131.0	95.6	0.39	4	6.5
720	160.5	102.1	0.41	4	10.8
1440	265.0	123.3	0.43	4	45.5

（五）与历史暴雨比较

1. 暴雨成因

2019 年暴雨与 1974 年、2000 年相似，都是由台风形成的，2005 年和 2012 年降雨是暖湿气流交汇形成的。

2. 汛期降雨量

2019 年汛期降雨量 564.1 mm，1974 年、2000 年、2005 年、2012 年同期降雨量分别为 917.3 mm、861.1 mm、1 062.2 mm、622.7 mm，比较可见，2019 年汛期降雨量小于 1974 年、2000 年、2005 年、2012 年。

2019 年与历史年份汛期降雨量比较见表 8-10。

表 8-10　2019 年与历史年份汛期降雨量比较表　　单位：mm

年份	1 月	2 月	3 月	4 月	5 月	6 月	7 月	8 月	9 月	10 月	11 月	12 月	汛期	全年
1974 年	2.2	21.1	36.7	83.5	105.9	39.3	388.3	441.8	48.0	24.5	13.0	40.2	917.3	1 244.5
2000 年	50.1	17.7	3.2	13.3	62.3	154.0	243.0	399.7	64.4	81.9	69.6	10.7	861.1	1 169.9
2005 年	4.2	28.0	21.6	12.2	41.1	148.4	407.9	299.7	206.2	12.7	26.9	13.0	1 062.2	1 221.9
2012 年	0.1	11.8	48.0	41.6	0.3	87.3	198.3	191.6	145.5	2.8	44.1	49.8	622.7	821.2
2019 年	32.3	11.4	32.3	52.6	4.3	131.7	161.7	259.3	11.4	30.4	0.0	0.0	564.1	727.5
多年平均	16.1	21.8	31.2	49.1	66.3	103.1	238.2	172.5	90.2	36.4	31.1	15.4	604.0	871.4

3. 降水强度

（1）全县

2019 年与 1974 年、2000 年、2005 年、2012 年各时段最大雨量均出现在 7 月和 8 月。

2019 年最大 1 d 雨量为 173.0 mm（8 月 10 日），1974 年为 160.4 mm（8 月 12 日），2000 年为 136.8 mm（8 月 30 日），2005 年为 162.2 mm（7 月 31 日），2012 年为 98.9 mm（7 月 8 日），2019 年最大 1 d 雨量大于 1974 年、2000 年、2005 年、2012 年。

2019 年最大 3 d 雨量 210.9 mm（8 月 9 日），1974 年为 298.0 mm（8 月 11 日），2000 年为 257.5 mm（8 月 28 日），2005 年为 225.4 mm（7 月 31 日），2012 年为 160.7 mm（7 月 8 日），2019 年最大 3 d 雨量大于 2012 年，小于 1974 年、

2000 年、2005 年。

2019 年最大 7 d 雨量为 214.2 mm（8 月 5 日），1974 年为 304.1 mm（8 月 7 日），2000 年为 307.8 mm（8 月 24 日），2005 年为 259.6 mm（7 月 30 日），2012 年为 194.8 mm（7 月 4 日），2019 年最大 7 d 雨量大于 2012 年，小于 1974 年、2000 年、2005 年、2012 年。

东海县 2019 年与历史暴雨各时段最大雨量比较见表 8-11。

表 8-11　东海县 2019 年与历史暴雨各时段最大雨量比较

年份	1 d		3 d		7 d	
	雨量/mm	起始日期	雨量/mm	起始日期	雨量/mm	起始日期
1974	160.4	1974-8-12	298.0	1974-8-11	304.1	1974-8-7
2000	136.8	2000-8-30	257.5	2000-8-28	307.8	2000-8-24
2005	162.2	2005-7-31	225.4	2005-7-31	259.6	2005-7-30
2012	98.9	2012-7-8	160.7	2012-7-7	194.8	2012-7-4
2019	173.0	2019-8-10	210.9	2019-8-9	214.2	2019-8-5

（2）城区

东海县城区暴雨比较采用牛山站分析，牛山站历年的暴雨资料，2019 年暴雨历时在 360 min 以上的最大降雨量均排在前 5 位，其中最大 1 440 min 降水量排在历史第 1 位。

2019 年牛山站与历史短历时暴雨各时段最大雨量比较见表 8-12。

表 8-12　2019 年牛山站与历史短历时暴雨各时段最大雨量比较

时段/min	历史最大雨量/mm	发生年份	雨量/mm	历史排位
10	27.7	1995	12.5	37
20	50.8	1995	17.5	39
30	64.3	1985	24.0	32
45	83.5	2007	29.5	33
60	97.7	2007	34.5	27
90	104.2	2007	46.0	24
120	127.6	1984	53.5	23
180	156.7	1984	72.0	12

表 8-12（续）

时段/min	历史最大雨量/mm	发生年份	雨量/mm	历史排位
240	166.2	1984	82.0	11
360	174.0	2005	113.0	5
540	183.3	2005	131.0	5
720	208.7	2005	160.5	4
1440	265.0	2019	265.0	1

牛山最大 10～90 min 降雨，2019 年都小于 2000 年、2005 年、2012 年，最大 120～720 min 降雨，2019 年大于 2000 年、2012 年，小于 2005 年。最大 1 440 min 降雨，2019 年最大。

牛山站 2019 年与 2000、2005、2012 年暴雨比较表见表 8-13。

表 8-13　牛山站 2019 年与 2000、2005、2012 年暴雨比较表 单位：mm

年份	时段/min											
	10	20	30	45	60	90	120	180	240	360	540	720	1 440
2000	15.9	26.1	29.3	40.3	48.1	52.9	53.3	59.8	63.8	97.7	123.5	123.7	144.8
2005	24	33.9	40	52	59	73.7	97.6	128.9	142.8	174	183.3	208.7	246.7
2012	13.8	20.4	21.4	22.2	30	35.2	43.2	55	55.2	55.2	57	61.2	78.6
2019	12.5	17.5	24	29.5	34.5	46	53.5	72	82	113	131	160.5	265

三、洪水分析

（一）洪水调度方案

东海县城区防洪工程由龙梁河、石安河、西双湖水库等组成。

石安河洪水调度： 当水位超过 18.0 m、安峰山水库低于汛限水位时，先开启薛埠闸满足补库；当薛埠闸分洪补库不及河水位上涨时，再开启青湖闸经磨山河排入新沭河，青湖闸在开、关闸时需提前 1 h 通知黄川水管所及时开启、关闭磨山河闸；当水位超过 19.0 m 再依次开启范埠闸、埝河闸、胜泉闸分洪；当出现水位超过 19.7 m 的非常情况时，炸开埝河闸南侧河堤分洪。

西双湖水库洪水调度： 当库水位低于汛限水位 31.5 m 时，开启水库上游贺庄水库尤塘闸，承担贺庄水库一部分洪水来量；当库水位达到汛限水位时，关闭尤塘闸;当库水位超过汛限水位 31.5 m 时,先开启南泄洪闸,控制下泄流量不超过 80 m³/s;当库水位达 32.5 m 时,同时开启东泄洪闸、南泄洪闸,下泄流量逐步加大到最大设计流量 127 m³/s,其中南泄洪闸下泄流量不超过 100 m³/s、东泄洪闸下泄流量不超过 27 m³/s。

（二）洪水过程

2019 年第九号台风"利奇马"8 月 10 日 8 时起开始影响东海县,降雨影响主要集中于 10—12 日,水库泄洪、河道行洪延至 16—18 日结束。东海县防指严格执行上级指令,加强县域水利工程调度,采取了预泄洪水、洪水补库等多种措施,同时为保连云港市区及蔷薇河安全,部分水库、河道短时间内超汛限运行,成功抵御了台风影响,将灾害损失降到最低限度。

1. 石安河

10 日 8 时—11 日 24 时,石安河水位由 15.93 m 猛涨至 18.32 m,14 时开青湖闸 5 m³/s 泄入磨山河,16 时加至 20 m³/s,22 时增至 100 m³/s,24 时加大至 200 m³/s,在 11 日 0 时 20 分出现第一个高水位 18.34 m,接着开始下降,至 11 日 6 时 15 分,下降至 18.02 m。11 日 6 时减至 100 m³/s,7:30 增至 150 m³/s,8:30 增至 200 m³/s,9:30 增至 250 m³/s,11:30 增至 300 m³/s,12 时 15 分水位上涨至最高水位 18.45 m,17 时减至 100 m³/s。12 日 6 时保留发电孔 20 m³/s 缓慢下泄(水位 17 m)。12 日 6 时 15 分降至 16.88 m,14 日 1 时 17.90 m,到 18 日水位回落至 17.5 m 以下。

10 日 15 时,青湖闸泄洪入磨山河的同时,开启磨山河桥闸 20 m³/s 泄洪入新沭河,20 时增至 50 m³/s,24 时增至 100 m³/s;11 日 6 时增至 350 m³/s,18 时减至 100 m³/s;12 日 6 时减至 20 m³/s。

与此同时,10 日 17 时,开范埠闸 20 m³/s、埝河闸 10 m³/s 向鲁兰河泄洪,21 时范埠闸增至 30 m³/s,24 时增至 50 m³/s;11 日 8:30 时范埠闸增至 80 m³/s。

另因石安河水位上涨迅速,11 日 1 时,开启薛埠闸 20 m³/s 承接河道洪水入安峰山水库。

石安河贯庄桥 8 月 9—20 日水位过程线如图 8-13 所示。

2. 龙梁河

受强降雨及大石埠水库泄洪影响,龙梁河竹墩闸水位由 45.61 m(10 日 13

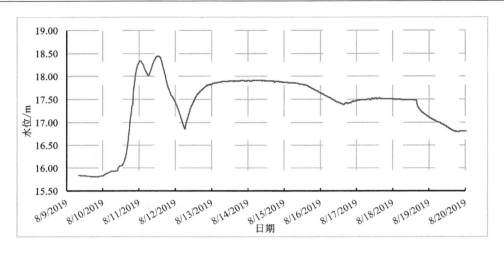

图 8-13　石安河贯庄桥 8 月 9—20 日水位过程线

时 40 分)猛涨至 49.34 m(10 日 9 时),因贺庄水库接近汛限水位,关闭竹墩闸,先后开启昌西闸、羽山闸向昌梨、羽山两座中型水库补库。11 日 14 时 30 分出现最高水位 49.68 m。至 15 日 0 时,水势趋于平稳(水位 48.08 m)。10 日 9 时至 14 日 6 时,昌梨水库承接龙梁河洪水 910.4 万 m³,羽山水库承接龙梁河洪水 272 万 m³。

龙梁河竹墩闸 8 月 9—20 日水位过程线如图 8-14 所示。

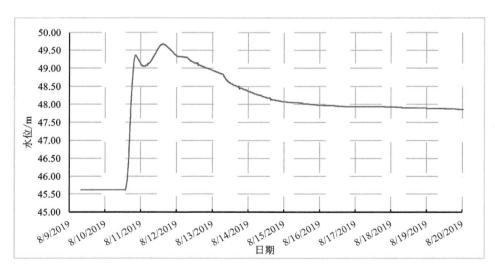

图 8-14　龙梁河竹墩闸 8 月 9—20 日水位过程线

3. 安峰山水库

安峰山水库（主汛期汛限水位 16 m，末汛 16.5 m）：11 日 8 时开启泄洪闸下泄 20 m³/s（水位 16.28 m），为保证蔷薇河行洪安全，12 日 6：30 关闭泄洪闸（水位 17.17 m，蔷薇河小许庄站 5.42 m）。13 日 22 时，出现最高水位 17.36 m。14 日 5 时，重新开启泄洪闸下泄 20 m³/s（水位 17.34 m），11 时加大到 50 m³/s，至 18 日 8 时停止泄洪（水位 16.5 m）。

安峰山水库 8 月 9—20 日水位过程线如图 8-15 所示。

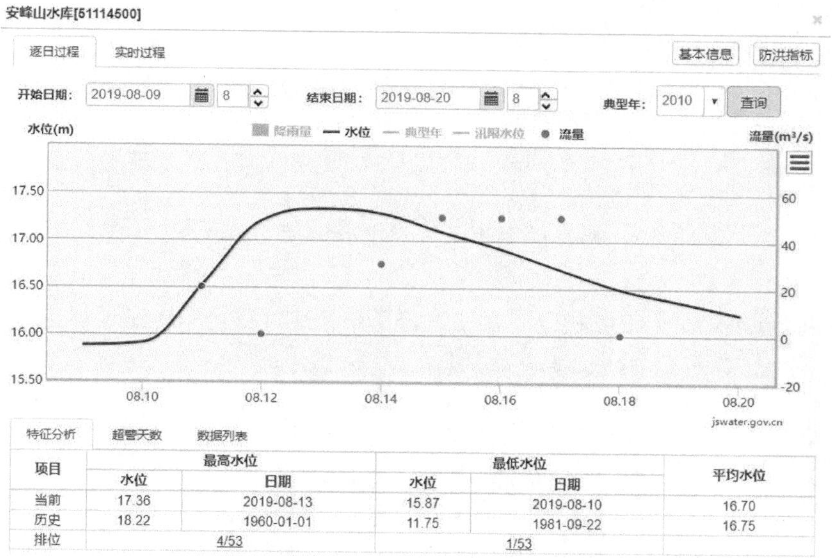

图 8-15　安峰山水库 8 月 9—20 日水位流量过程线

4. 西双湖水库

西双湖水库 10 日 12 时水位由 30.21 m 开始上涨，至 15 日 18 时上涨至最高水位 31.28 m，然后水位逐渐下降。至 19 日 0 时，水位回落至 31.20 m 以下。本次暴雨期间全程未泄洪。

西双湖水库 8 月 9—20 日水位过程线如图 8-16 所示。

5. 房山水库

房山水库（主汛期汛限水位 9.5 m，末汛 10 m）：11 日 1 时开启泄洪闸下泄 10 m³/s（水位 9.59 m），6 时增加至 30 m³/s（水位 9.73 m），8 时增至 100 m³/s（水位 9.81 m），11 日 19 时，出现最高水位 10.44 m，为缓解淮沭新河行洪压力，

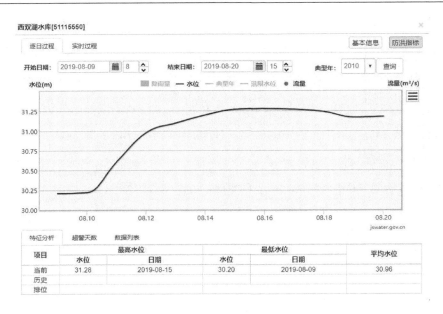

图 8-16 西双湖水库 8 月 9—20 日水位流量过程线

12 日 7 时减至 20 m³/s(水位 10.39 m),15 日 11 时减至 10 m³/s(水位 10.1 m),17 日 4 时停止泄洪(水位 9.97 m)。

房山水库 8 月 9—20 日水位流量过程线如图 8-17 所示。

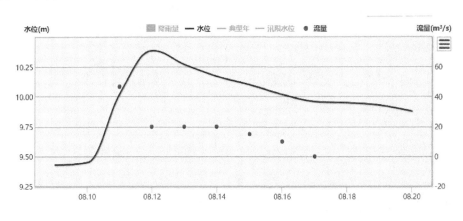

图 8-17 房山水库 8 月 9—20 日水位流量过程线

6. 贺庄水库

贺庄水库(主汛期汛限水位 38 m,末汛 38.5 m):10 日 18 时开启泄洪涵洞下泄 5 m³/s(水位 38.12 m),11 日 12 时增至 10 m³/s(水位 38.80 m),11 日 23 时,出现最高水位 38.88 m。12 日 8 时减至 5 m³/s(水位 38.87),至 16 日 8 时停

止泄洪(水位 38.48 m)。

贺庄水库 8 月 9—20 日水位流量过程线如图 8-18 所示。

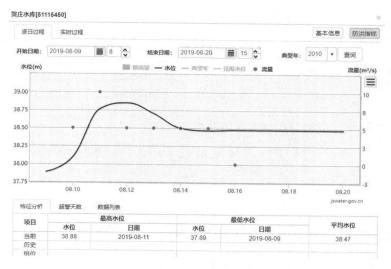

图 8-18 贺庄水库 8 月 9—20 日水位流量过程线

7. 横沟水库

横沟水库(主汛期汛限水位 27 m,末汛 27.5 m):10 日 18 时开启泄洪闸下泄 5 m³/s(水位 27.07 m),因石安河持续高水位,流量未增加,13 日 14 时,出现最高水位 27.49 m。至 16 日 0 时停止泄洪(水位 27.4 m)。

横沟水库 8 月 9—20 日水位流量过程线如图 8-19 所示。

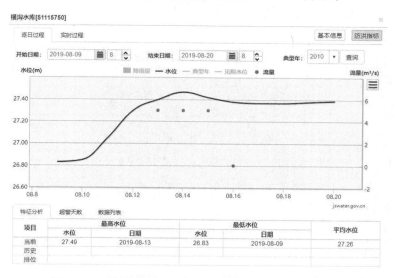

图 8-19 横沟水库 8 月 9—20 日水位流量过程线

8. 大石埠水库

大石埠水库(主汛期汛限水位 49 m,末汛 50 m):10 日 16 时超汛限水位 0.05 m,开启调度闸向龙梁河泄洪 5 m³/s,因雨势大,上游来水急,18 时加大至 15 m³/s,20 时增至 30 m³/s(水位 49.41 m);因水位持续上涨,11 日 9 时,另开泄洪闸下泄 20 m³/s(水位 50.18 m),22 时泄洪闸、调度闸联合下泄 70 m³/s(泄洪闸 50 m³/s,水位 50.43 m),自此,库水位缓慢回落,12 日 18 时,调度闸 10 m³/s、泄洪闸 5 m³/s,至 16 日 0 时,水位回落至 49.65 m。

桃林、李埝、山左口等中西部丘陵地区 30 座小型水库超汛限溢洪。

(三)洪痕调查

为了收集、了解部分河道节点漏测的水位、面上受灾区域积水深度,了解河道治理对洪水的影响和作用,进一步探讨本地河流洪水的特性,评估水文情报预报工作,从而为今后的防汛抗洪、水利规划与建设和水文情报预报等工作提供有价值的宝贵资料。洪水调查包含鲁兰河上湾坝节点水位调查以及暴雨中心及附近积水深度调查。

鲁兰河上湾坝下游最高水位 8.42 m(废黄河口)。暴雨中心东海县驼峰镇麦坡村及其周边受淹程度较重,局部低洼处积水深度达 1 m,一般地方为 0.30~0.60 m,造成有些房屋进水深达 0.40 m,部分旱作物受害程度较重,有的直接颗粒无收。

东海县洪痕及洪水情况调查表见表 8-14。

表 8-14 东海县洪痕及洪水情况调查表

洪痕编号	所在村镇及地点	洪水发生时间	洪痕高程/m	说明人相关信息	洪水情况描述	可靠程度
1	驼峰镇八湖村第一排第二家	8 月 11 日晚至 12 日下午 4 点	12.54(85 基准)	郭明军,55 岁,18352102131	与门前第二层红砖齐平,S323 道路积水,低洼住宅内积水 0.5 m 左右	可靠
2	驼峰镇麦坡村村口	8 月 11 日	12.54(85 基准)	刘先生,67 岁,18352102331	西边稻田全部淹没,东边稻田积水 0.3~0.4 m	可靠
3	东海水位监测中心	8 月 11 日		封一波,46 岁	中心内未积水,办公房后面积水约 10 cm	可靠

表 8-14(续)

洪痕编号	所在村镇及地点	洪水发生时间	洪痕高程/m	说明人相关信息	洪水情况描述	可靠程度
4	牛山街道望东村	8 月 11 日至 12 日		李佃霞（当地农民）	水稻田积水约 30 cm,积水 2 d	可靠
5	东海县水晶城	8 月 11 日	22.62（85 基准）	保安	水晶市场门口积水约 10 cm,当时用沙袋封堵大门	可靠
6	双店镇后双村	8 月 11 日		当地农民	水稻田积水 15~20 cm	可靠
7	山左口乡中寨村	8 月 11 日		当地农民	水稻田积水 30~40 cm	可靠
8	驼峰镇后坞墩村	8 月 11 日		当地农民	基本无积水	可靠
9	驼峰镇上湾村	8 月 11—13 日		当地村民	水未上到路面,积水到达水泥堰上方约 10 cm	可靠
10	驼峰镇鲁南村	8 月 11—12 日		当地村民	水稻田积水 30~50 cm	可靠
11	牛山水岸上城	8 月 11—12 日	22.10（85 基准）	当地村民	小区积水 30~40 cm	可靠
12	驼峰镇程庄村	8 月 11 日		当地村民	水稻田短时间积水 30~50 cm	可靠
13	东海中心新址(东海气象局北)	8 月 11 日		当地村民	稻田积水 30 cm	可靠
14	东海县东开发区弟威服装厂	8 月 11—12 日	22.45（85 基准）	富宸路 68 号,当地工人	门口积水约 50 cm,院内 20 cm	可靠
15	鲁兰河上湾坝下游	8 月 11—13 日	8.42（废黄河口）	付思成 15751208618	上湾坝下游水位高出坝顶 1.02 m,周围水稻田积水约 50 cm,旱作物淹死	可靠

东海县洪痕及洪水情况调查图片如图 8-20~图 8-27 所示。

四、涝情与排涝调查

（一）排水分区

根据东海县城区水系、地形特点及现有除涝工程体系情况,东海县城区划分为石安河左岸、石安河右岸两部分,共 7 个排水片。其中石安河左岸有陇海铁路以北片、陇海铁路以南片、卫星河片、西双湖水库以西片 4 个排水片,石安河右岸有望埝河片、范埠河片、范埠分干渠片 3 个排水片。

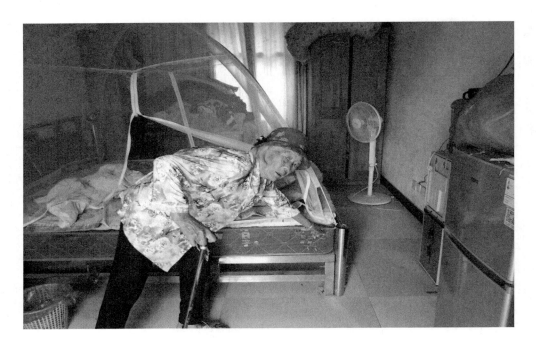

图 8-20　东海县驼峰镇八湖村村民指认洪水淹没深度

图 8-21　东海县驼峰镇八湖村村民指认洪水淹没深度

图 8-22　东海县驼峰镇麦坡村洪水淹没深度调查

图 8-23　东海县牛山街道望东村村民指认洪水淹没深度

图 8-24　东海县双店镇后双村村民指认洪水淹没深度

图 8-25　东海县山左口乡中寨村村民指认洪水淹没深度

图 8-26 东海县驼峰镇程庄村洪水淹没深度调查

图 8-27 鲁兰河上湾坝处洪水位测量

东海县城区除涝分片示意图如图 8-28 所示。

图 8-28　东海县城区除涝分片示意图

1. 陇海铁路以北片

陇海铁路以北排水片位于东海县城石安河左岸、陇海铁路以北,属县城中心城区,现状基本为建成区,排涝范围北、东至石安河,西至西双湖水库,南至陇海铁路,总排涝面积 17.7 km²,该片排涝干河除石安河外还有北玉带河(东西向)、南玉带河(南北向)、自清河(南北向)、石英河(南北向)等支流。其中,该片直接排入石安河的排涝面积 7.3 km²,通过石安河支流排入石安河的排涝面积 10.4 km²。由于北玉带河为等高截洪河道,北玉带河以南上游来水经沿线郑庄塘坝、英疃塘坝两座塘坝调蓄后,分别经自清河、石英河向北排入石安河。

2. 陇海铁路以南片

陇海铁路以南排水片位于东海县城石安河左岸、陇海铁路以南,属规划新城区,排涝范围北至陇海铁路、南至郇林大沟、西至张谷水库、东至石安河,总排涝面积 21.1 km²,该片排涝干河除石安河外还有徐海运河、郇林大沟等支流。其中,该片直接排入石安河的排涝面积 6.0 km²,排入张谷水库的排涝面积 1.7 km²,通过石安河支流徐海运河排入石安河的排涝面积 6.7 km²、通过郇林大沟排入石安河的排涝面积 6.7 km²。

3. 卫星河片

卫星河排水片位于东海县城西石安河左岸、县城西南部,排涝范围北至跃进河、西至湖西路、南至张谷水库、东至湖东路,排涝面积 12.6 km²,排涝干河为卫星河及其支流昌平河延伸段。卫星河北起西双湖水库南泄洪闸、南至张谷水库,承接西双湖水库南泄洪闸的下泄洪水和河道沿线汇水区域(包括昌平河延伸段)的涝水。

4. 望埝河片

望埝河排水片位于东海县城石安河右岸、东海县城区东北部,排涝范围北至华海路,西、南至石安河,东至范埠河,排涝面积 14.0 km²,其中城区排涝面积 8.9 km²、农区排涝面积 5.1 km²,排涝干河为望埝河。望埝河西起石安河、东至范埠河,排水经范埠河、埝河入鲁兰河。

5. 范埠河片

范埠河排水片位于石安河右岸、东海县城区东南部,排涝范围北至埝河,西、南至石安河,东至新 245 省道,总排涝面积 27.2 km²(含望埝河排水片)。范埠河自身排水面积(不含望埝河排水片)13.2 km²,其中城区排涝面积 7.9 km²、农区排涝面积 5.3 km²,排涝干河为范埠河。范埠河南起石安河范埠闸,北至埝河,除排泄自身汇水面积的涝水外,还承泄石安河流域的下泄洪水。根据石安河流域洪水调度原则,当发生 20 a 一遇设计洪水时,考虑在通过青湖闸泄洪入新沭河的同时,也开启范埠闸向鲁兰河分洪 50 m³/s。

6. 西双湖水库以西排水片

该排水片位于西双湖水库库区西部,属东海县规划城区边缘,城区排涝范围北至晶都路、西至湖西路、南至跃进河、东至西双湖水库,排涝面积约 1.2 km²,该片排涝干河为昌平河,经跃进河排水入西双湖水库。该片排涝面积较小,通过雨水管网排入昌平河。昌平河位于西双湖水库库区上游,其城区范围排涝面积相对较小,考虑兼顾防洪、排涝要求,适当抬高地面高程以满足防洪、排涝要求。

7. 范埠分干渠排水片

范埠分干渠排水片位于石安河右岸,东海县规划城区最东部,排涝范围北至富国路,西至范埠分干渠,南至陇海铁路,东至新 245 省道,排涝面积 2.3 km²,河道现状规模基本满足排涝要求。该片距陇海铁路较近,排涝范围内多为绿地,晶都大道以北规划城区通过雨水管网排入范埠分干渠。

(二)城区涝情分析

受强降雨影响,8月10—12日城区大部分区域出现道路积水、小区倒灌等严重内涝现象,东海县组织 200 余人到城区道路、小区、建筑工地、公园广场等重点积水区域进行安全隐患排查、人员疏散,并采取强制机械排水等措施,因雨量太大,效果不明显。城区主要存在以下严重积水路段和积水点。

(1)道路积水严重路段:利民路(金牛公园—振兴路)、果园路(海陵路—富华路)、花园路(海陵路—晶都大道)、牛山路(晶都大道—滨河路)、振兴路(利民路—和平路)、北辰路(湖滨路—中华路)、府苑路(牛山路—幸福路)、中华路(颐高路—晶都大道)、颐高路全线、富华路水晶公园北门等 11 条路段水深过膝,达 0.4～0.6 m,车辆无法通行。

(2)铁路涵洞积水严重:城区涉铁通道振兴路涵洞、幸福路涵洞(图 8-29)、湖东路涵洞积水严重,已经无法通行,故组织人员进行安全疏导。

图 8-29　东海县幸福路涵洞严重积水

(3)积水严重住宅小区:晶都花园车库进水、晶都家苑车库进水、翰林公馆门前积水、晶都学府门前积水、水岸上城整个小区积水、水岸名城地下泵房进水、水晶公园贵都储藏室进水、金陵御花园小区被淹等,共有 21 个小区不同程度出现内涝现象,组织物业公司排水。

主要原因:一方面受强降水影响,雨水管网排水能力不足;另一方面石安河水位高水持续时间长,对雨水管网排水产生顶托,城区金牛公园、水晶公园积水,玉带河水位猛增。

(三)排涝分析

1. 排涝过程分析

"利奇马"影响前,平明等乡镇预先降低内河水位,掌握了抵御强降雨的主动权;台风影响期间,东部洼地房山、平明、张湾等乡镇40余座排涝泵站开机强排,11日新沭河大流量行洪期间,市局指令与蔷薇河交界处的马河闸、民主河闸关闭,区域排涝站全部关闭,以保证蔷薇河行洪安全,马河、民主河等河道水位快速上涨,导致平明等部分洼地受淹,待蔷薇河水位下降后,才开闸泄洪。鲁兰河受新沭河洪水顶托无法自排,水位上涨过快,已危及堤防安全,开富安调度闸向蔷薇河分洪。

2. 排涝水量分析

采用前期日降雨量资料计算前期影响降雨,计算次降水净雨量,从而得到城区排涝水量。此次暴雨,东海县城区排涝水量为 2 072 万 m³,见表 8-15。

表 8-15　东海县城区排涝水量估算成果表

序号	排水片区	排入水体	面积/km²	净雨量/mm	水量/(万 m³)
1	陇海铁路以北片	石安河	17.7	252.4	447
2	陇海铁路以南片	石安河、张谷水库	21.1	252.4	533
3	卫星河片	卫星河	12.6	252.4	318
4	望埝河片	望埝河、范埠河	14.0	252.4	353
5	范埠河片	范埠河	13.2	252.4	333
6	西双湖水库以西片	西双湖水库	1.2	252.4	30
7	范埠分干渠片	范埠分干渠	2.3	252.4	58
合计			82.1	252.4	2 072

五、灾情分析

全县受灾人口约 79 413 人,紧急转移安置人口 1 267 人,集中转移安置 475

人,分散转移安置 792 人,严重破损房屋 81 间。城区倒伏 68 棵乔木、断枝 56 棵,经济损失 20 万元。路面灾毁大约 1 000 m²,245 省道大中修工程围挡损毁 80 m,损坏各类施工标志牌 26 块、通告牌 2 块、弹力柱大约 60 个、爆闪灯 2 个、水马 70 个、安全岛 150 个、311 国道改线工程路面标路缘石水毁 5 m、有 3 万余株新栽苗木受风力影响,出现不同程度的歪斜、倒伏现象、400 亩苗圃地受到不同程度的水淹,经济损失约 406 万元。损坏护岸 3 处,损坏水电站 1 处,水库滑坡 1 处,损失约 560 万元。造成直接经济损失约 6 215.3 万元,其中农业损失 3 563.2 万元,工矿企业损失 1 025 万元,基础设施损失 949.9 万元,公益设施损失 96 万元,家庭财产损失 581.2 万元。

全县农作物不同程度受灾,受灾农作物面积 12 350 公顷,农作物成灾面积 9 617 公顷,农作物绝收面积 19 公顷。其中水稻受淹 26.65 万亩;玉米受淹 9.53 万亩,其中倒伏 2.14 万亩;大豆受淹 1.6 万亩(张湾养豆丹的 12 亩黄豆全部受淹,豆丹仔全部死亡),其中倒伏 200 亩;蔬菜瓜果受淹 1.86 万亩;花生 11.38 万亩;山芋 0.27 万亩;林果类受淹 1.39 万亩,其中折断落果 875 亩;其他:金银花、丹参 0.25 万亩,经济林 920 亩。大棚受淹进水 8 204 栋,面积约 1.95 万亩,坍塌毁坏 221 栋,面积约 511 亩。

附　　录

附录一　附　　表

附表1　降雨量等级划分表

等级	时段降雨量/mm	
	12 h降雨量	24 h降雨量
微量降雨(零星小雨)	<0.1	<0.1
小雨	0.1~4.9	0.1~9.9
中雨	5.0~14.9	10.0~24.9
大雨	15.0~29.9	25.0~49.9
暴雨	30.0~69.9	50.0~99.9
大暴雨	70.0~139.9	100.0~249.9
特大暴雨	≥140.0	≥250.0

附录二 附   图

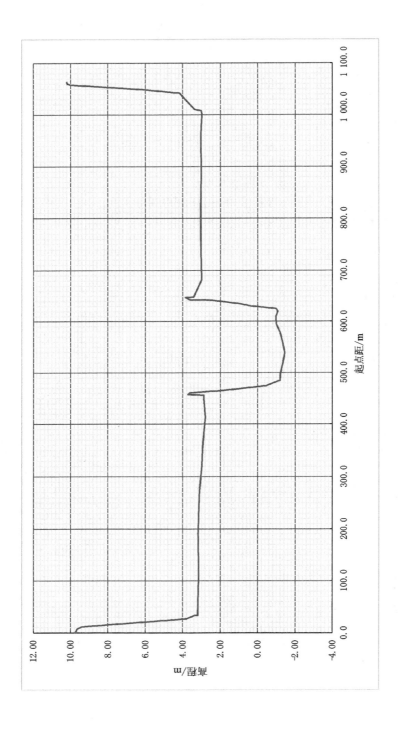

附图1 新沭河太平庄闸水位站现状断面图

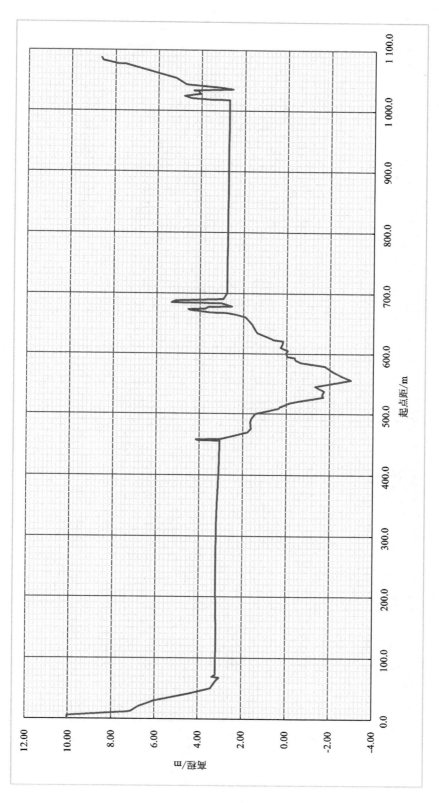

附图2　新沭河太平庄闸下现状断面图

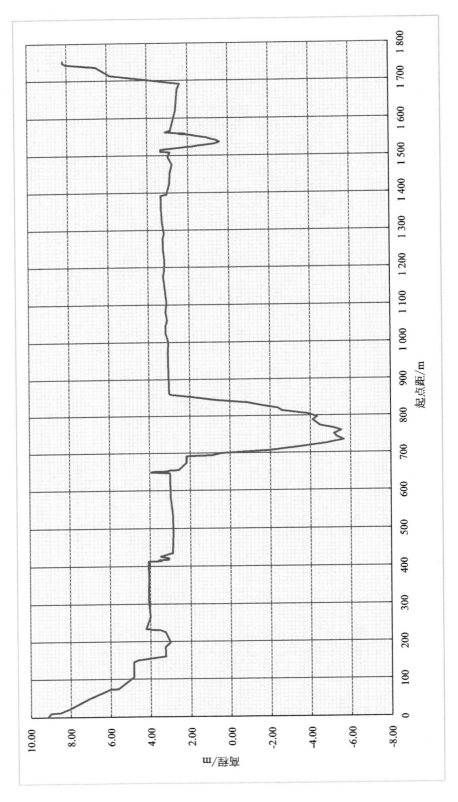

附图 3 新沭河蔷薇河口下现状断面图

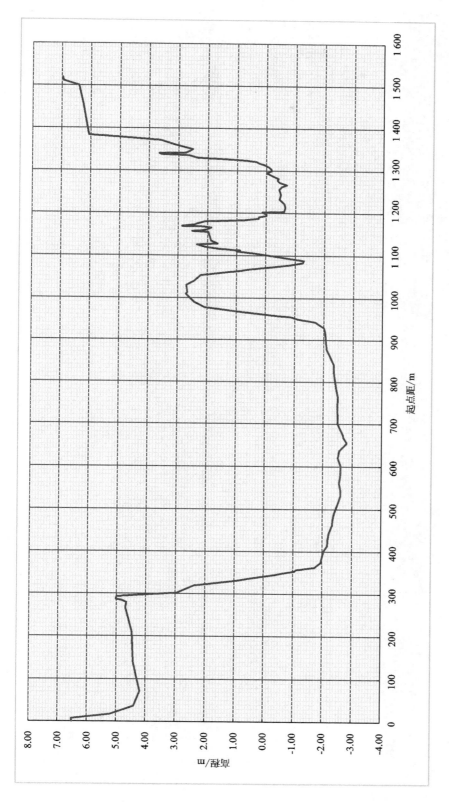

附图 4　新沭河三洋港闸上现状断面图

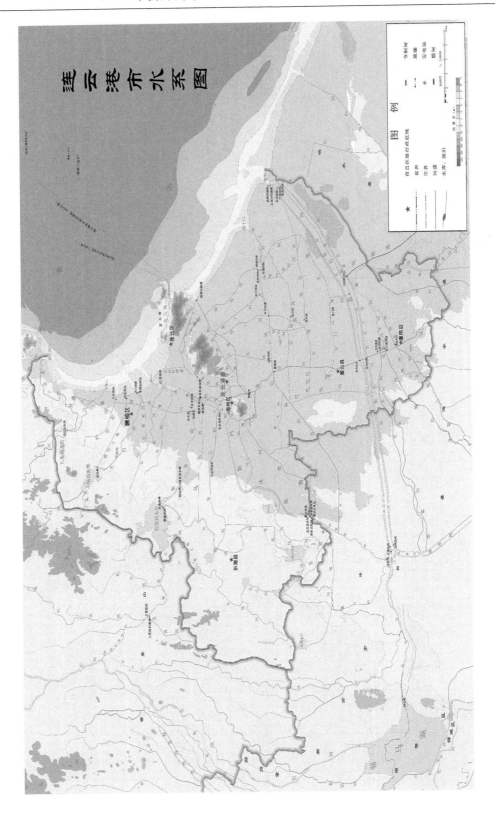

附图5 连云港市水系示意图

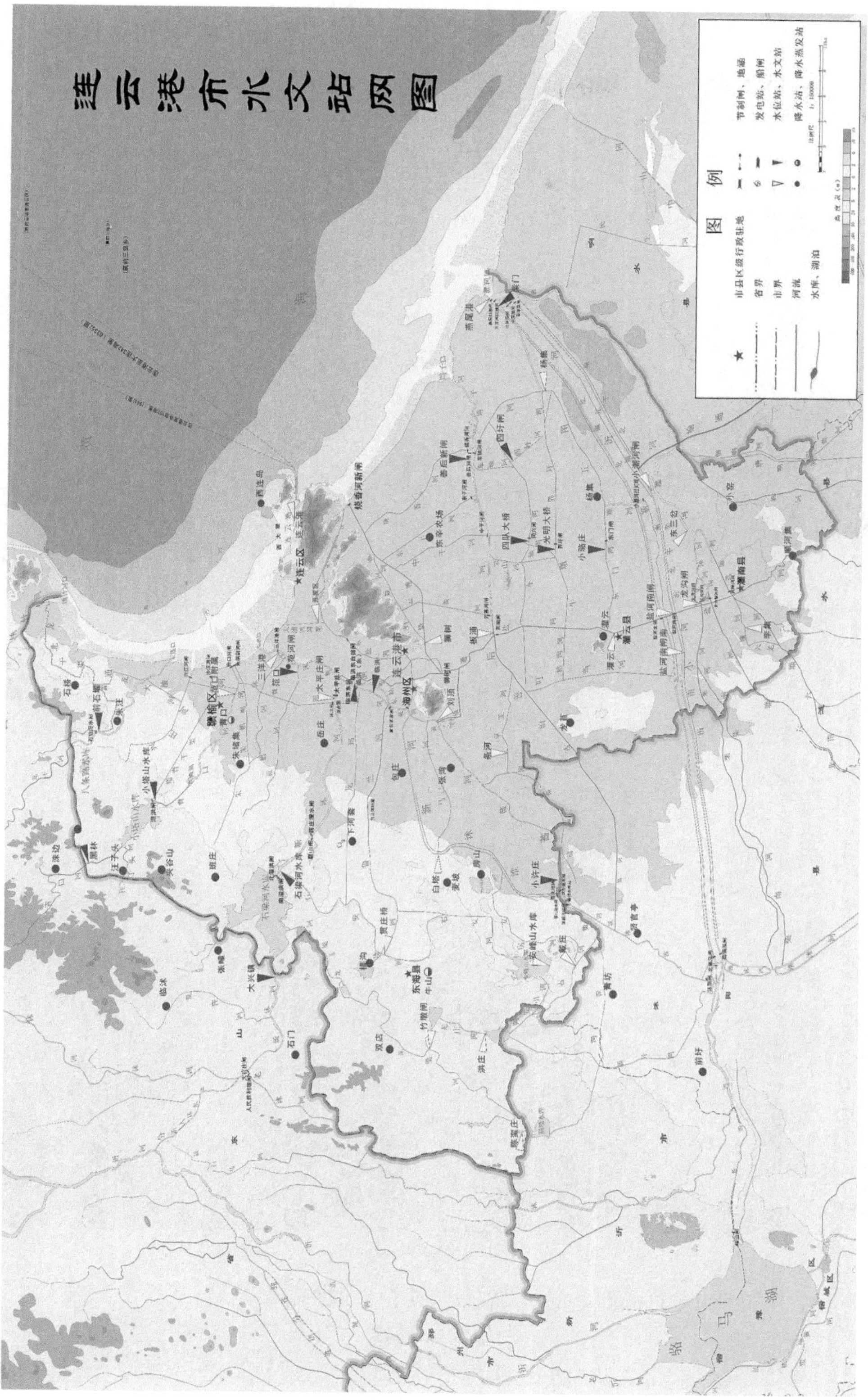

附图6 连云港市水文站网示意图

附录三 "防洪抗台"及水文测验工作剪影

一、洪水下泄

2019 年 8 月 10—13 日,石梁河水库开闸泄洪,最大流量 3 500 m³/s

2019 年 8 月 11 日,连云港市临洪水利枢纽泄洪

2019 年 8 月 11 日,太平庄闸被淹没洪水中

二、防洪抗台工作部署

2019 年 8 月 9 日,省防指召开 2019 年第 9 号台风"利奇马"防御工作视频会议,省委常委、常务副省长、省防指指挥樊金龙出席会议并讲话。

2019 年 8 月 10 日上午和晚上,省防指再次召开 2019 年第 9 号台风"利奇马"防御工作视频调度会商会,省委常委、常务副省长、省防指指挥樊金龙出席会议并讲话。副省长、省防指常务副指挥费高云到省防指检查指导台风防御工作并参加会议。

2019 年 8 月 10 日,连云港市长方伟主持召开防洪抗台工作会议

2019年8月10日早上,连云港水文分局局长刘沂轩主持召开防洪抗台水文测验部署会

三、"防洪抗台"检查指导

2019年8月12日,副省长、省防指常务副指挥费高云带队赴沂沭泗地区检查指导防汛抗洪工作

2019 年 8 月 13 日,省水利厅厅长陈杰率队来连云港检查指导防汛工作

四、洪水测验纪实

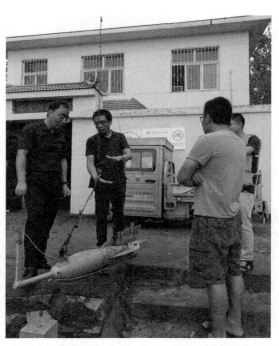

2019 年 8 月 10 日下午,连云港水文分局局长刘沂轩带队到石梁河水库水文站检查指导防洪抗台水文测验

2019 年 8 月 10 日夜间,连云港水文分局职工在新沭河墩尚桥断面测流

2019 年 8 月 11 日,连云港水文分局职工在新沭河墩尚桥断面测流

2019 年 8 月 11 日,连云港市水文分局职工在水情值班

2019 年 8 月 10—15 日,新沭河东海段巡堤排查险情

　　2019年8月11日下午,连云港水文分局站网科科长到大兴镇水文站检查指导防洪抗台水文测验

参 考 文 献

[1] 国家气象中心.降水量等级划分:GB/T 28592—2012[S].北京:中国标准出版社,2012.

[2] 江苏省地方志编纂委员会.江苏江河湖泊志[M].南京:江苏凤凰教育出版社,2019.

[3] 连云港市水利史志编纂委员会.连云港市水利志[M].北京:方志出版社,2000.

[4] 水利部长江水利委员会水文局.声学多普勒流量测验规范:SL 337—2006[S].北京:中国水利水电出版社,2006.

[5] 水利部长江水利委员会水文局.水位观测标准:GB/T 50138—2010[S].北京:中国计划出版社,2010.

[6] 水利部长江水利委员会水文局.水文巡测规范:SL 195—2015[S].北京:中国水利水电出版社,2015.

[7] 水利部长江水利委员会水文局.水文资料整编规范:SL 247—2012[S].北京:中国水利水电出版社,2012.

[8] 水利部黄河水利委员会水文局.水文测量规范:SL 58—2014[S].北京:中国水利水电出版社,2014.

[9] 水利部黄河水利委员会水文局.水文调查规范:SL 196—2015[S].北京:中国水利水电出版社,2015.

[10] 水利部水文局.水情信息编码标准:SL 330—2011[S].北京:中国水利水电出版社,2011.

[11] 沂沭泗水利工程管理局.2003 年沂沭泗暴雨洪水分析[M].济南:山东省地图出版社,2006.

[12] 沂沭泗水利工程管理局.2012 年沂沭泗暴雨洪水分析[M].北京:中国水利水电出版社,2013.

[13] 中华人民共和国水利部.河流流量测验规范:GB 50179—2015[S].北京:中国计划出版社,2016.